種子が消えれば　あなたも消える

共有か独占か

西川芳昭

コモンズ

目次■種子が消えれば　あなたも消える――共有か独占か

序章　種子法の廃止が農の営みに与える影響

1　人は種子なしには生きられない

2月10日ショック

２０１７年2月10日に、種子を大切に考えている仲間たちの間を大きなニュースが駆け巡った。それは、「主要農作物種子法(以下、種子法)を廃止する法律案」の第１９３回国会への提出が閣議で了承されたという内容である。「種子法」と言っても、聞いたことのなかった読者が多いと思われる。農業や家庭菜園に詳しい人であれば、「種苗法」という名前はよく耳にするだろう。しかし、種子法という名称を知っているのは、研究者か米や麦の流通に携わっている農協関係者などだけではないだろうか。

種苗法は、「新品種の保護のための品種登録に関する制度、指定種苗の表示に関する規制等について定めることにより、品種の育成の振興と種苗の流通の適正化を図り、もって農林水産業の発展に寄与すること」(第1条)を目的としている。つまり、新しい品種の育成や育成者の権利の保護が大きな特徴である。したがって、育種や種苗生産をしている企業は当然熟知しているし、自家採種や種苗交換をしている有機農業や自然農の実践者の間では、自分たちの農業のやり方が制限される可能性のある法律として、ある程度知られている。

一方、種子法の目的は「主要農作物の優良な種子の生産及び普及を促進するため、種子の生産について圃場審査その他の措置を行うこと(法律文書では「圃」は平仮名で表記、以下同じ)」(第1条)である。稲・麦・大豆を栽培する農家(とくに販売農家)の営みを60年以上にわたって支えてきたことから、あって当たり前の空気のような存在として、ことさらその大切さを考えることが少なかった法律と言えよう。とりわけ、都市部で生活する消費者にとっては、廃止されても直接は影響しないように見える。

種子法の概要

ところが、種子法には、実は私たちの食を確保するための重要なことが決められている。対象となる作物は、私たちの生活に重要な「主要農作物」である、「稲、大麦、はだか麦、小麦及び大豆」(第2条)である。

それらの種子の生産に関しては、「都道府県は、主要農作物の原種圃及び原原種圃の設置等により、指定種子生産圃場において主要農作物の優良な種子の生産を行うために必要な主要農作物の原種及び当該原種の生産を行うために必要な主要農作物の原原種の確保が図られるよう主要農作物の原種及び原原種の生産を行わなければならない」（第7条）とされている（原種・原原種については28ページ参照）。最終的に国民の食糧を生産する農家に、優れた品種の良質の種子がいきわたるように、国が責任をもって都道府県にその任務を委託しているのだ。

また、「都道府県は、当該都道府県に普及すべき主要農作物の優良な品種を決定するため必要な試験を行わなければならない」（第8条）とも決められている。都道府県レベルで、各地域に合った品種の作物が生産されるように、責任をもって適当な形質などを明らかにするように、定めているわけである。

このように種子法は、それぞれの地域に合った米や麦などの品種の選定と、その種子の供給を、国の責任として定めている。この法律があるから、都道府県などは安心して、地域にとって大切ではあるが、需要が必ずしも多くないために民間企業では供給できないような品種の普及と種子生産を、行うことが可能になってきた。

その種子法が突然、廃止された。本書では、この出来事をきっかけに、いま一度種子と私たち人間の暮らしの関係について考えていきたい。

人間の生活を支える生物多様性

人類は、食料のすべてを直接あるいは間接的に植物に頼り、繊維や油脂、医薬品など有用な資源の生産の多くの部分も植物に頼っている。しかしながら、植物全体から見ると、人類が現在利用している植物種はごく限られている。

国際研究機関で長くキャッサバの育種に携わってきた河野和男氏(第6章も参照)は、アメリカの作物遺伝学者ジャック・ハーランの著作を引用し、20世紀後半に人類が栽培している植物は55科408種であり、農耕が始まる前に人類が利用していたと考えられる約1万種から比べると大幅に減少したと述べている。ただし、この中にはワサビやウドのような、日本人にとってはなじみが深くても世界的にはマイナーな作物、またサゴヤシのように主に採取によって利用されている作物も含まれており、実際に重要な作物はわずか50種前後とされる。

このように、私たちが農業で直接利用している作物が少ないことも事実であるが、私たちにとってより重要なのは、各作物の中にある品種の多様性であろう。同じ稲を育てていても、アフリカ大陸の稲と日本の稲とでは、特徴は大きく異なる。日本の中でも、北海道に適した品種と九州で作られる品種、平地で作られる品種と中山間地で作られる品種では、特徴は異なる。

農業の近代化にともない、農業における生物多様性の大きな部分を占める作物の在来品種が急速に失われてきた。在来品種は、それらが創り出された地域の自然条件や多様な社会文化的条件に適応しているとともに、近代的育種のように特定の形質を選び出すことを目的とした選抜を行っていない。それゆえ、集団内にある程度の多様性を残している場合が多い。現在使われている改良品種の多くは、このような在来品種が持っていた多様な遺伝的特徴を組み合わせて開発された。

ところが、改良品種の普及によって、在来品種の減少が世界中で進行するという矛盾が起きている。たとえば、アメリカでは20世紀にトウモロコシ品種の90％以上（４００品種近く）が失われ、数品種で栽培面積の70％以上を占める。フィリピンでは、１９７０年ごろまで３０００品種あったと言われる稲の品種の大半が、現在では作られていない。日本でも、19世紀末に３０００品種程度あったと言われる稲の品種が、４００品種程度まで減ったと言われている。

自分で採るものから買うものへ、そして投資の対象へ

日本では、高度成長時代までは、多くの農家が自分の使う種子を自家採種してきた。しかし、最近は家庭菜園用にも野菜のハイブリッド種子（性質の異なる純系の親を掛け合わせて作出した雑種の第一世代（Ｆ１とも呼ばれる）の種子）が売られており、専業農家も種子は種苗会社から買うのがふつうである。実際に種子の多くは企業または公的機関が生産・販売し、農家自身が種子を採ることはほとんどない。例外的に、有機農業や自然農の実践者は、販売農家も含めて自家採種や種苗交換によって、ハイブリッドではなく、かつ薬剤処理をしていない種子を使用している。

慣行農業で使用されている種子は、種苗会社が専門の採種農家と契約して生産してきた。最近では、90％以上が国外で生産した種子の輸入販売と言われている。農業は、基本的には自然を扱っているので、土地・水・空気・天候などと切り離すことができない。だから、各地の特

徴に合った品種の種子を播くことが望ましい。にもかかわらず、多国籍企業を含めた企業がどこでもある程度の収穫が期待できるような品種を育成し、販売するケースが多くなった。

工業化・近代化した農業のほうがお金を持ち、政治的な力も強い。そのため、多国籍企業が作らせたい、食べさせたい作物が市場の高いシェアを占めるようになった。その結果、農家が作り、住民たちがレシピを工夫して食べてきた多様な品種が急速に姿を消している。

企業が育成・登録した品種は一般に収量が高く、広域に適応する。その種子は知的財産権によって保護されており、再生産(種採り)、増殖のための調整・販売、輸出や輸入、貯蔵などはすべて、育成企業の許可を取らなければならない。当然、自家採種は難しい。

こうした過程を経て、種子は農業分野の投資対象になってきた。種子はもっとも基礎的な農業生産資材であり、種子を押さえれば農業全体が押さえられる。また、種子は作物特性(作物の形質や環境適応性)を規定する遺伝情報を持っており、投入物として財であるとともに、遺伝情報の入れ物とも考えられる。

そのため、種子の供給のあり方は、情報は共有すると考えるのか、それとも情報を囲い込んで独占することが市場においては承認されると考えるのかによって、大きく変わる。後者では、情報を囲い込んでいる当事者以外の人は費用を払わないと情報にアクセスできないシステムが生まれる。そのようなシステムの構築には、投資の価値がある。

遺伝情報の操作可能性が発見され、遺伝子組み換えなどの技術の発展によって、さらに種子に経済的な付加価値をつけることが可能になり、それが拡大しているのが現状と言えよう。政治的にも「種子(遺伝子)を制するものは世界を制する」と言われている。種子はいまや、「資本による農業包摂」のための礎石であると同時に、農業・食料の持続的な社会的管理のための根幹である。だからこそ、一人ひとりが、種子の価値をどのように考えるかが重要になる。

公共財としての種子

同時に、種子を理解する枠組みとしては、もう一つの重要な流れが存在する。作物遺伝資源は、生物多様性条約(第2章参照)成立までは人類共通の財産であると考えられてきた。現在でも、そう考えている現場の育種研究者は多い。

「緑の革命」に使われた小麦に日本の東北地方で栽培されていた「農林10号」という有名な品種を含め世界中の遺伝子が入っていた例からもわかるように、作物品種の場合、特定の国家の主権的権利を認めることは非常に難しい。

この小麦は、第二次世界大戦後に進駐軍の農学者が東北地方から持ち出してアメリカに持っていき、それを親にして育種された品種がメキシコ、インド、パキスタンに持ち込まれた。非常に収量が高く、おかげでインドとパキスタンの飢餓が救われたという、壮大なドラマがあった。農林10号を育成した稲塚権次郎氏は、アメリカで育種した人たちに「農林10号を使ってくれて本当にありがとう」という言葉を遺している(『農業共済新聞』1995年6月28日の西尾敏彦氏による記事に基づく。公益社団法人農林水産・食品産業技術振興協会WＥＢサイト(https://www.jataff.jp/senjin/nou.htm)に掲載)。

現在、農林10号の血を引く品種は世界中で５００種以上に及び、50カ国で栽培されている。これらの品種が人類の食糧確保にいかに貢献したかは、品種育成を主導したノーマン・ボーログ博士が１９７０年にノーベル平和賞を受賞したことでもわかる。作物はそれくらい相互依存の関係にあり、誰かが持っている私有財産ではないと考えるのが適切であろう。

緑の革命については、格差が広がったなどの社会科学的な批判もある。ただし、育種にあたった国際機関やアメリカの研究者は、自分たちが育成した品種は世界中の農家や育種研究者の協働の成果であることを十分に理解しており、知的財産権を主張して私財とするようなことはしていない。これが、公共品種と言われるゆえんである。

2　本書の目的と構成

本書の目的

種子法廃止に反対する議論の多くは、廃止によって多国籍企業が日本の主要作物の種子市場を席巻し、自給率がますます下がるとともに、食の安心・安全が脅かされるという論調である。だが、すぐにでも遺伝子組み換えされた米が市場に出回るかのような極論や、農林水産省が法律廃止で食料安全保障のすべての責任を放棄するかのような議論は、決して建設的だとは思わない。

もちろん、筆者も将来の日本の状況についての危惧を共有している。なかでも、国が公共的なものに対する責任を放棄する方向に大きく舵を切っていることに危機感を抱いている。公的機関が責任をもって供給してきた種子が、その責任の放棄によって一部の資本に包摂される可能性は大いにあり得ると懸念する。しかしながら、あえて本書を執筆しようと考えた理由は、そのような論調とは少し異なる。

たね屋に生まれた筆者は、小さな一粒の種子から大きな植物が育つこと、その種子から毎年同じものができる不思議さを、身近に感じて育った。まずは、種子の持つ魅力と可能性についてのストーリーをもっと前面に出したいと考えている。

種子の問題について、人間の営みのすべてを市場に任せることがよりよい社会を築くという新自由主義の発想による経済的強者の暴走、多国籍企業による種子（遺伝資源）の占有による農家や消費者の疎外や従属、ＴＰＰ（環太平洋経済連携協定）をはじめとする国際貿易交渉の枠組みのもとで議論する人は多い。そうした議論は大切であるし、私たち市民は注意深く学ばなければいけない。

だが、そのような議論そのものが経済中心主義に基づいていることに気づかなければならない。経済的議論の前に、生きている存在である種子の多くの魅力をまず知らなくては、種子の持つ本当の豊かさを知ることはできない。私たち人間の生活の中で、種子は生活文化の一部として、生活と不可分の存在であり、共生関係にある。その紹介を通じて、種子をより身近なものとして親しみを持つことからスタートして、現在の経済システムの問題性を問いかけたい。やや寄り道になるが、本書の内容を紹介する前に、なぜ筆者がこうした発想に至ったかを少し述べておきたい。

執筆の個人的背景

筆者は、奈良県のタマネギ採種とレンゲ種子販売のたね屋の息子に生まれた。農業基本法が施行される前年の１９６０年である。

高校時代に、奈良県で生産されていた種なしスイカの種はどうやって採るのだろうという素朴な疑問を抱き、植物遺伝学を学ぶために農学部に進学した。そして学部4年のとき、交換留学生として、アメリカのジャガイモ遺伝資源導入プロジェクトに参加し、アメリカ農務省の育種戦略についての基礎知識を得た。当時は、緑の革命をはじめとした品種育成が世界の飢餓を救うと信じて、遺伝資源の保全と利用を専門的に学ぶために、ＦＡＯ（国連食糧農業機関）がカリキュラムをつくっていた大学院に進学。前後して、日本政府が行うジーンバンク（種子などの遺伝資源を収集・保存する施設）の建設や運営の国際協力にも関わった。

その中で、技術的な面だけでは、農業の問題は解決できないことに気づかされる。そこで、日本ではほとんど誰も研究していなかった、種子と人間の関係を組織制度の面から研究するために、生物学から公共政策分野に専門を変更した。帰国後は、農林水産省で農業研究の国際協力を担当。多くの国際農業研究機関を訪れ、自然科学の研究者だけでなく、社会科学の研究者や農家自身が種子の問題に主体的に関わっている実態を目の当たりにした。

このような経験の中で大きなショックのひとつは、第二次世界大戦の真最中に英国の研究機関が南米などに遺伝資源の探索使節団を送っていた歴史を学んだことだ。それは、戦争が終わった後に自分たちの食料を確保するためである。英国民自身が飢えて苦しんでいる状況のもとでも、次の時代を見すえて、種子を集めていた人がいたわけである。実際にその使節団の参加者の話を学生時代に聞く機会に恵まれたのは、幸運だったと言えよう。帰国して知ったのは、日本政府も同じ第二次世界大戦中に資源作物を求めて探検隊を送り出していたことである。国家がどれくらい遺伝資源の重要性を認識していたかを垣間見るエピソードだ。

一方で、世界中で、また日本中で、何らかの形で種子を守り、利用している農家・種苗商・団体が無数にあることも知るようになった。私たちのあまり目につかないところで、こんなにたくさんの人びとが、さまざまな形で種子を守っているのだ。こうして、種子の魅力に取りつかれた人びとが世界中にいることに気づかされた。しかしながら、このような行為が持続的であるためには、国際的な政治経済的環境が整わなくてはならない。話が戻るが、多国籍企業を主たるアクターとした種子の囲い込みは急速に進んでいる。そこで、この問題を、種子と人間の根源的関係として一度整理してみようと思い立った。

いわゆる「生業としての農業」「生活としての農業」においては、自家採種を中心として比較的小さな地域内で遺伝資源が循環している。そのような地域内での循環に、ジーンバンクのような地域外の研究機関が関われば、グローバルな循環とは異なるもう一つの小さな循環を起こすことができる。小さな循環に多様な組織や人が関わる種子のシステムは、持続可能な社会の仕組みの一つの可能性を与えてくれるのではないか。人間を含めた、農業生態系の中で、種子が世代を超えて循環していく社会を支えるソフトのインフラとして種子法が存在していたのではないだろうか。

持続可能な開発目標を達成することが求められている現在の国際社会において期待されているのは、「生物の多様性に関する条約」や「食料および農業のための植物遺伝資源に関する国際条約」などが構築しようとしている、企業が遺伝資源から得た利益を二国間の取り決めや国際基金をとおして農家・農村に還元するシステムだけではない。条約やＷＴＯ（世界貿易機関）という大きな枠組みは所与の条件としながらも、開発途上国や日本・ヨーロッパなどの条件不利地の農業・農村開発に資する遺伝資源の利用事例の共有こそが大切だと考える。

種子法を含めた、日本の種子のあり方のような具体的な事例から始めて、種子の大切さを再確認し、今後の農と食の営みが私たちの願う形で持続的であるには、一人ひとりが種子とどう関わっていけばよいのかを、本書を通じて考えられれば幸いである。

本書の構成

まず第1章では、今回突然廃止された種子法の具体的な内容について紹介する。とくに、種子法のキーワードである、原種・原原種という用語の正確な定義についても説明した。法律の中身にそれほど興味のない読者も、種子生産の実際的仕組みの部分は、斜め読みでもよいから、ぜひ目を通してほしい。

第2章では、種子をめぐる議論を総合的に考える種子システムという枠組みについて述べる。あわせて、種子に関係する三つの国際条約を紹介し、種子の所有をめぐる多様なステークホルダー(関係者)が多様な考え方を持って活動していることを相対化してみたい。

第3章では、遺伝的多様性の管理における上流部分である遺伝資源の保全(＝種子の保全)を担う二つの異なるシステムである、生息域外保全と生息域内保全について、それぞれの特徴と背景にある考え方について解説する。前者は作物がもともと作られていた場所とは離れた人工的環境下での保全であり、後者は作物がもともと作られていた場所で、作物として作られ続けることを通じての保全である。第8章と第9章で述べる自家採種の推進は、ここでいう生息域内保全の一形態である。

第4章は、誰が種子について関与する権利を持っているのかについて考える際に重要な国際的概念である農民の権利について紹介している。日本政府の公式用語では「農業者の権利」と言われるが、農的な営みすべてに関わることができるように、本書では、販売農家・商業的農家だけを意味する「農業者」ではなく、「農民」という言葉を用いた。

第5章は、種子に関する知的財産権の発展と、多国籍企業による種子供給の寡占状況について説明する。遺伝子組み換え作物を中心として、多国籍企業の農的営みの支配が懸念されているが、本書では、種子の公共性の大切さを説明する背景としての多国籍企業の影響を中心に述べている。

第6章は、第2~5章の国際的枠組みとは少し離れて、日本で、農業や農家、農の営みを見つめてきた研究者や現場の技術者が、種子や品種について、とりわけ農家との関係でどのような描写をしてきたかを、第二次世界大戦後の論者にしぼって紹介した。欧米社会では、権利に基づく議論に偏りがちである。これに対して日本では、農民の作物や種子をいとおしむ姿勢や農家自身の作物に対するまなざしが強調されることを示したい。

第7章は、種子法のもとで開発され、利用されている品種について述べている。新しい品種の開発と普及は、人間と作物の二人三脚で行われる壮大なドラマである。筆者自身が、研究生活の中で出会ってきたドラマの一部を紹介し、種子法が私たちの生活、とくに選択肢の多様化に重要な役割を果たしてきたことを示す。

第8章と第9章では、種子に関する知的財産権が拡大する中で、農家や自治体が主体的に関わって種子の保全や品種開発を行っている事例を紹介している。第8章では、広島県のジーンバンクと農家の連携、長野県におけるF1技術を用いた在来品種の保全について紹介する。第

9章では、参加型品種育成の考え方とネパールの事例、アイルランド、韓国、エチオピアの市民団体・農民の活動を紹介する。

第10章は、ここまでの議論をもとに、種子法廃止の何が問題なのかを改めて問いかけている。「強い農業」という考え方自体への疑問点をまず提示し、具体的な影響の可能性を列挙したうえで、技術的側面と民主主義のあり方までを視野に入れた総合的議論を試みた。

終章では、筆者が考える多様なシステムが存在し、国・地域・農家・消費者の食料主権が保障される種子と人間・社会のあり方について試論を示して、仮の結論としている。日本ではほとんど注目されていないものの、ＦＡＯをはじめとした国際的な場で関心を集めている家族農業やアグロエコロジーの視点と日本の状況の接点についても触れたい。

種子法について系統的に知りたい方は、序章から順番に読まれることをお勧めする。種子の魅力や実際のケースに興味のある方は、第7～9章を先にお読みいただきたい。

種子の生産・保存・流通・認証・販売などの一連の活動とそれを支える組織制度は、種子システムと呼ばれる。種子法は、政府が管理するいわゆるフォーマルなシステムを制度として担保しながら、地域に合ったローカルな品種の育成と種子の共有を政府の義務としており、世界的にもきわめてユニークな制度であったと考えられることを指摘して、序章を閉じたい。

第1章　種子法の制定背景と意義

1　種子法と種苗法

序章でも述べたが、種子法と種苗法について、最初に改めて整理しておきたい。種子法は非常に専門的な法律で、都道府県などで稲、麦、大豆の普及に携わる人たち以外は日常的に関わる機会がなかった。一方、種苗法は、自家採種を行う人や、野菜・果樹・花卉などの園芸農業に携わる人は日常的に耳にする。よく似た名前で、混乱しやすいが、この2つの法律は目的がまったく異なる。

種苗法の目的は「品種の育成の振興と種苗の流通の適正化」をとおして農林水産業の発展に寄与することで、基本的には品種育成者の知的財産権を保護する。他方、種子法は「主要農作物の優良な種子の生産及び普及を促進」するという国が果たすべき役割を規定し、主要食料の生産につながる種子を安定的に確保する。後に詳しく述べるように、主要農作物に関しては種子を安定的に供給していくために種子の原原種、原種の生産も含めて都道府県の管理が求められている。種子法は最終的な責任を国におき、国の管理のもとで種子の生産を行うための法律である。

種子法は１９５２年に制定され、時代の変化に合わせて何回か改正されている。もっとも重要な改正は１９８６年で、主要種子の制度運用基本要綱が定められ、奨励品種制度も含めた各都道府県の詳しい手続きなどが決められた。とくに、種子栽培における品質管理について詳細に決められ、良質の種子を安定的かつ安価に農家に届けるシステムが完成したと言える。種子法の廃止にともなって、こうした具体的な手続きがどうなるかは、現場担当者や農家にとってはもっとも気になるところである。

なお、種子法廃止に関する国会審議では、種子法廃止後に、種苗法の付則で種子法の制度の一部を引き継ぐという議論が行われた。しかし、これは目的が違う法律で都道府県の手続きを定めることになり、理念的な混乱が懸念される。

2　種子法制定の時代的背景と国際的枠組み

まず、種子法制定時の日本と国際的な状況を押さえる必要がある。種子法制定の背景には、国内の食料供給事情があったと考えられる。当時は第二次世界大戦後の食料不足のもとで、食料自給率を上げていくという緊急の課題が意識されていた。しかし、それよりも大事なのは、種子法の制定が１９５２年5月であるという事実である。

サンフランシスコ講和条約が発効し、日本が主権を取り戻したのは、その1カ月前の１９５２年4月である。主権を取り戻すとほぼ同時に、種子法が制定されている。この法律は、24人の提案による議員立法であった。当時の政治家や農林関係官僚たちは、日本が主権を行使していくなかで、食料の確保を大切だと考えたのである。

このタイミングは非常に重要だ（この時期には多くの法律が制定されており、種子法のみを取り上げるのは思い入れが強すぎるかもしれないが……）。その背景には、戦争中に種子に関する管理が食糧管理法のもとで行われ、種子の品質が非常に悪くなったという事情もあったようである。国が責任を持って良質な種子を確保し、安価に農家に提供するためには、新しい法律が必要であると考えたわけだ。

では、種子法を国際的な枠組みからみると、どのようなことが言えるだろうか。第二次世界大戦が終わり、世界中の国々は二度と戦禍を起こさないために、さまざまな国際的な枠組みを構築した。それらの中でもっとも重要なもののひとつに、１９４８年の国連総会で採択された「世界人権宣言」がある。この宣言を具体化し、国際的な法的枠組みとして制定したもののひとつが、１９６６年に採択された「経済的・社会的及び文化的権利に関する国際規約（社会権規約）」だ。私たちの食に直接関する条文（第11条）は、こう述べている。

「この規約の締約国は、自己及びその家族のための相当な食糧、衣類及び住居を内容とする相当な生活水準についての並びに生活条件の不断の改善についてのすべての者の権利を認める。(後略)」

「この規約の締約国は、すべての者が飢餓から免れる基本的な権利を有することを認め、個々に及び国際協力を通じて、次の目的のため、具体的な計画その他の必要な措置をとる。(a)技術的及び科学的知識を十分に利用することにより、栄養に関する原則についての知識を普及させることにより並びに天然資源の最も効果的な開発及び利用を達成するように農地制度を発展させ又は改革することにより、食糧の生産、保存及び分配の方法を改善すること。(後略)」

締約国には、その国民の食糧の確保に対して必要な措置を採ることが義務として求められているのである。こうした法的基盤のうえに種子法を位置付けるべきであると筆者は考える。

3　種子法に基づく都道府県の役割と実際的仕組み

すべてに優先される種子の品質

作物の生産には土壌・気候や水などの自然条件も重要であるが、作物の遺伝的特徴を担う種子の品質の重要性はすべてに優先されると言ってもよい。そのため、現在都道府県の責任において流通している稲・麦・大豆の種子は、種子法に基づく圃場審査、生産物審査、農産物検査法に基づく農産物検査などの検査に合格した種子である。

図１－１　主要農作物種子の流通と都道府県の役割

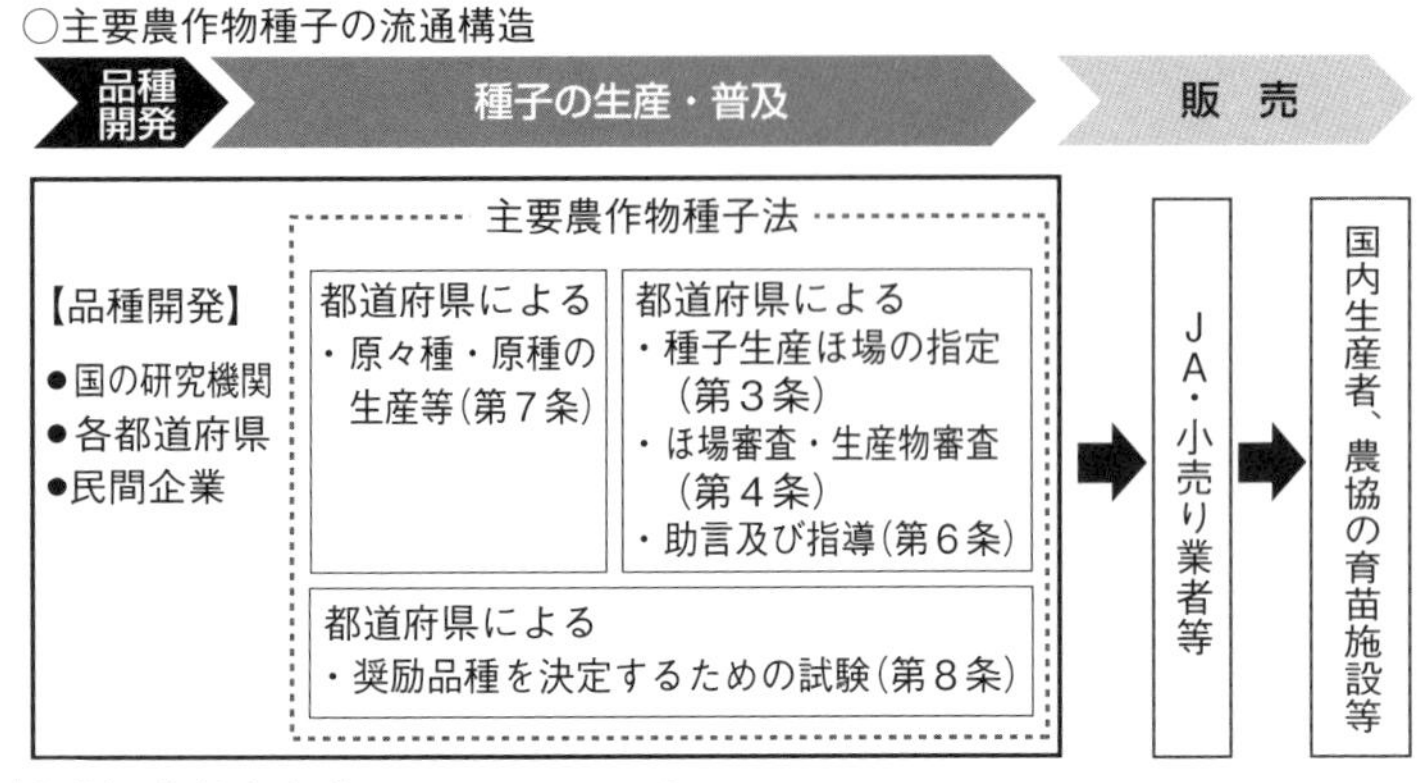

（出典）農林水産省ホームページなど。

稲の種子生産で有名な富山県のＪＡは、よい種もみの条件として、以下の５点を挙げている。①遺伝的な純度が高い、②発芽率や発芽勢（初期の発芽能力）が高い、③実りがよく充実している、④粒ぞろいや色沢がよい、⑤病害虫の被害粒や異物異種穀粒が混入していない。

県内の種子生産者は、これらの条件を満たすため、土づくり、種子消毒や病害虫防除を徹底し、こまめな異茎株抜き取りなど細心の注意をはらっている。収穫時のコンバインや乾燥機は、種子専用機を使用する。生産から出荷にいたるまで万全の品質管理を行い、普通のお米よりも多くの手間と時間をかけて生産しているという（http://www.ty.zennoh.or.jp/grow/beibaku/004.html）。

都道府県の果たす役割

では、種子法では、具体的に何が都道府県の役割として決められているのであろうか。大きく分けて三つに分類できる（図1－1）。

第一は、各都道府県における奨励品種の決定に関する試験である（第8条）。奨励品種は、各都道府県の気象、土壌、農業者の経営内容、技術水準、需要動向などを考慮し、都道府県内で普及すべき優良品種を意味する。具体的な奨励品種の決定方法は、各都道府県が奨励品種決定要領を定めて運用している。基本的には、収量、病虫害抵抗性、品質その他の栽培上の重要な特性、および生産物の利用上重要な特性を総合的に勘案し、既存の奨励品種と比較して明らかに優れていると認められることが、新しい奨励品種決定の要件である。

ただし、奨励品種に採用しようとする品種が「普及対象地域の範囲または生産物の用途について制限のある場合を妨げない」として、都道府県内の特定地域や加工など特定の利用目的に限った品種を奨励品種にすることを妨げないようにしている。また、積極的に奨励普及するには特性上若干問題はあるが種子の需要がかなりある品種、あるいは、地域の環境および農産物の流通事情からみて必要と認められる品種については、奨励品種に相当する品種として採用ができる。これを特定品種、優良品種、認定品種などと呼んでいる都道府県もある。

奨励品種の決定にあたって都道府県は、発芽の良否（直播または陸稲の場合に限る）、出穂期、成熟期、稈長（かんちょう）、穂長、穂数、全重、玄米収量、標準品種（対照品種）との玄米収量の比較比率、玄米千粒重、玄米品質、病障害の発生程度（倒伏程度、冷害、穂発芽、病虫害など）、有望度、その他特記事項（有利または不利とした形質など）など（以上、稲の例）を原則3年間調査。その結果をもとに、主要農作物奨励品種改廃協議会での議論を受けて、都道府県が決定する。

現在の仕組みでは、この奨励品種の決定に関わる試験費用はすべて都道府県が負担している。この試験が品種登録に必要な形質の確認とも重なるため、品種育成自体は都道府県の役割と法律で決められているわけではないが、種子法による奨励品種の決定が品種開発の財政的な裏付けの一部ともなっていると考えられる。

第二は、奨励品種の原種・原原種の生産である(第7条)。育成された品種の最初の世代は、育種家種子と呼ばれる。一般に非常に少量であり、実際に農家が栽培のために使用する種子の量を確保するには、何世代かの増殖が必要となる。その増殖は都道府県の責任において行われ、育種家種子の次世代である原原種の生産はすべての都道府県が試験場内で行っている。

次の世代の原種については都道府県が試験場内においてすべて行う場合と、契約圃場で行う場合がある。原原種を作るための種子は、都道府県が品種を奨励品種(に普及すべき優良な品種)にしたとき、育成地から育種家種子を入手し、原原種の採種を行っている。その際、系統別に栽培し、変異系統を淘汰し、残った集団から純正系統を選抜する。さらに、選抜系統から個体選抜して次代の系統とし、その残余種子を原原種としている。このようにして原原種用種子を維持しながら、原原種の採種をしているのである。

原原種と原種が同じ試験場内で生産される場合は、原種生産圃場の真ん中に原原種を栽培するなどの工夫をして、周囲の圃場から他品種の花粉がかからないように工夫がされている。稲のような原則自殖性の作物であっても、０・５～４％程度は自然交雑による異品種が混入するからだ。

実際の生産は契約によって外郭団体の財団などに委託される場合もあるが、あくまでも生産の施設や人員は都道府県が責任をもって負担している。ただし、生産された原種が採種組合に渡されるときは、原則無償ではなく、直接生産にかかる費用相当は都道府県の歳入とされている。この歳入が、原種・原原種の栽培にのみ使われるか一般歳入として扱われるかは、都道府県によって異なる。

第三は、農家の播種用の種子生産圃場の指定（第３条）、種子生産過程における圃場審査、生産物審査（第４条）、種子生産に対する助言・指導（第６条）である。

具体的には、穀物改良協会が策定した種子更新計画に基づき、都道府県・ＪＡ全農・集荷団体・種子を生産する種子場の農協などで構成される種子生産委託会議において、品種別採種数量（面積）が決定される。種子は、都道府県が指定した圃場で契約を受けた農家によって生産される。都道府県は採種圃場の管理（①採種適地の選定、②土づくり、排水対策、③肥培管理、倒伏防止、適期刈り取り、④病虫害、雑草防除、⑤異株抜き、⑥混種防止）の指導を行う。また、必要な審査・検査として、①生産圃場の指定、②圃場審査、③生産物審査、④農産物検査を行う。福岡県を例に種子生産の全体像を図１－２に示した。

図１－２　主要農作物（稲）の種子生産システム（福岡県の事例）

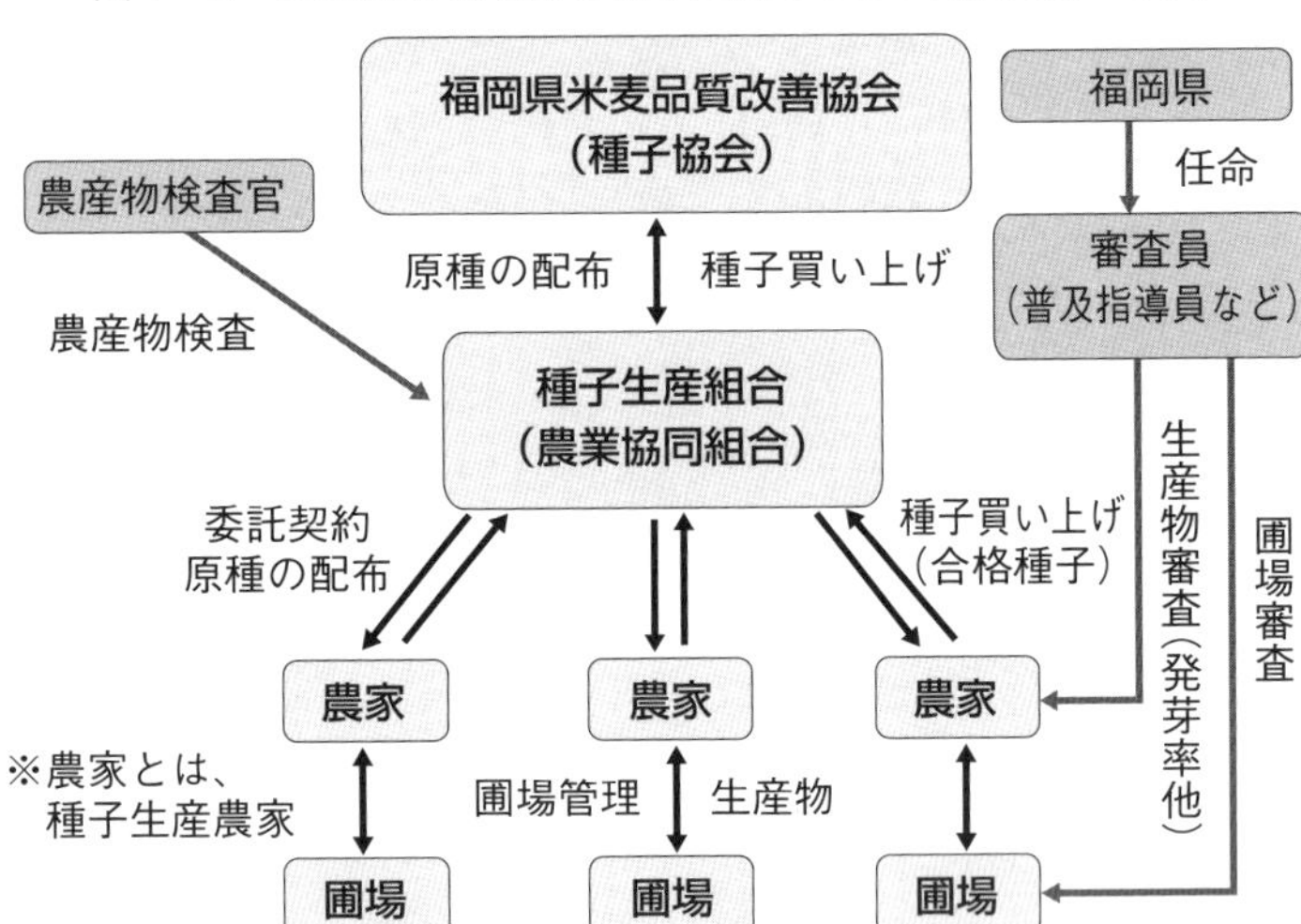

（出典）原図提供：濱地勇次氏。

優良種子供給への綿密な関与

都道府県全体の種子需給を調整する役割は、都道府県・市町村と関係団体が構成員となり、都道府県内の種苗生産の全体調整を行う組織が担っている。一般には米麦改良協会と呼ばれるほか、農業振興センターといった名称で稲・麦・大豆以外の園芸種子や果樹の苗を扱う組織もある。

農家が購入する一般種子の生産に直接かかるコストは種子の価格に反映されており、農家は生産を担当する地域の農協を通じて種子を購入する。したがって、都道府県の公的資金は、一般種子の生産・販売部分に直接は入ってこない。ただし、審査員の人件費や旅費、生産に関わる機材などの整備への補助は、都道府県が負担している。この仕組みの重要な点の一つは、生産

図1－3　主要農作物（稲）の種子生産の流れ（福岡県の事例）

種子生産の流れ

育種家種子　育成者から入手

優良な種子生産はここから！

1年目　原原種種子　数a　県試験場で増殖
純粋な優良種子を維持
（以下、同じ）

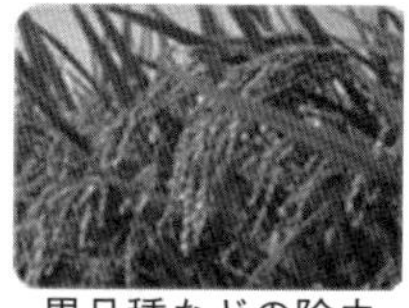

異品種などの除去

2年目　原種種子　約3ha　県試験場、委託を受けた農家で増殖

3年目　採種圃種子　約330ha　指定を受けた農家で増殖
（普及指導員などが指導）
圃場審査、生産物審査、農産物検査

4年目　一般栽培種子　約37,000ha　一般農家が購入し、栽培

（出典）原図提供：濱地勇次氏。

量の多い品種の種子も、それほど多くない品種の種子も、原則的に同じ価格で販売されることだ。このことによって、農家が作りたい品種を安価で安定的に入手できるシステムが担保されていた。

種子法が定める種子生産・流通の全体的な流れを、福岡県の事例をもとに図1－3に示した。

このように、農家が使用する種子は通常4年かけて育種家種子から増殖されるため、綿密な需要予測が要請される。この需要予測は、都道府県やJAによる品種導入方針と、農家自身による購入希望の調整によってなされる。それでも、気象条件や市場変化によって、都道府県内で必要とされる種子の量を確保できない場合は、他道府県からの融通を受ける。品質的に若干落ちる准種子と呼ばれる種子を利用する場合もある。

なお、各都道府県は、必ずしも使用するすべての種子を生産するわけではない。たとえば稲の場合、富山県の砺波平野や京都府の丹後半島などに代表される、伝統的に種子生産を行ってきた地域に生産を委託する場合もある。この場合も、需給調整は各都道府県が計画的に行っており、結果として、毎年の作付けに必要な種子が安定的に供給されてきた。

以上のように、種子法に基づく種子の供給体制について詳細に見ていくと、都道府県が優良種子を安定して供給するための作業をいかに細かく行っているかがわかる。一般の消費者はおろか、稲作農家でもこの仕組みを詳細に知っているケースは少ない。そのことが、種子法の重要性を認識できていなかった大きな理由であると言える。根拠法があり、それが各都道府県において滞りなく実施されていたがゆえに、誰もその重要性を意識することなく、いきなり廃止が決まってしまった。実に皮肉な状況である。

品種育成の下支え

時間の順序としては逆になるが、奨励品種を作り出すには、品種育成（育種とも呼ぶ）の過程が必要となる。種子法には、この品種育成をどの組織が行うかは規定されていない。一般に日本では、稲の育種は農家自身による品種育成（突然変異個体の選抜など）を除くと、独立行政法人を含む国の機関、都道府県が９割以上、ごく一部が民間企業によって行われている。

　では、育種とはどのようなことをいうのだろうか。育種学の教科書には、育種の定義として、「農作物の新しい有用形質の集積など、遺伝的改良を行う技術体系、あるいは、明確な目的を持った『事業』」と説明されている。対象となる作物やその育種目標は、地域や民族、時代の要求に応じて変化し、きわめて多様である。一般に、多収性育種、環境ストレス抵抗性育種（生産性向上、作型・適応地域の拡大など）、耐病・耐虫性育種、品質育種（外観特性、成分特性、消費適性、加工適性、流通適性）などが含まれる。

　日本の稲においては、第二次世界大戦後の多収性から、現在は良食味米の育成へと目的が変化し、さらには温暖化にともなう高温耐性なども視野に入れられている。現代の育種技術は、遺伝学、生理学、栽培学、作物学、園芸学、病理学、昆虫学、生物統計学などのほか、地域農業や農業経営に対する理解も必要である。それゆえ、遺伝学を主要な基礎学問とするが、人間社会との関わりを持った応用生物学として位置付けられている。

　このように、品種育成は、農業の発展を支える基幹技術である。そして、その成果がもたらす効用は、生産者から流通加工業者、消費者まで広い範囲に及ぶ（農林水産技術会議事務局『国際化時代の育種戦略――作物育種推進基本計画』農林統計協会、１９９３年）。

　科学的根拠に基づいた近代育種は、メンデルの遺伝の法則が再発見された１９００年以降に始まったとされる。近年は、分子生物学的手法を使った育種技術の開発により、飛躍的な進歩を遂げている。詳細な遺伝情報が記録され、育種成果である品種のみならず、DNAの配列や育種過程が特許の対象となるなど、品種育成は技術者の問題から社会全体の問題へと拡大した。したがって、今回の種子法廃止についてはさまざまな角度からの検討が求められる。

種子法によって、奨励品種の決定のための試験やその種子の増殖が都道府県の義務とされてきたが、都道府県の品種育成関係者は以前から農家に対して優良な品種・種子の供給を行うことに務めており、法律がそうした関係者の思いを制度的に下支えしてきたとも言える。実際、多くの農家自身による民間育成品種が生まれた山形県では、県の試験場が農民の育成した品種・系統の比較試験・生産力検定試験などを行い、品種評価と育成のやっかいな最終段階を担ったことが記録に残されてきた。

稲の育種研究者であるとともに民間育種の研究者の菅洋氏(第6章参照)は、大正・昭和時代の試験場技師・佐藤富十郎氏の「悪いものを出せば農家の迷惑になる」という発言を紹介している。そこには、現代の多国籍種子企業とは異なる育種家の農家へのまなざしが見られる。

4 主要穀物の生産と貿易・自給率

世界で生産される三大穀物は米、小麦、トウモロコシだ。この三大穀物の世界の生産量にあまり大きな差はなく、5億〜10億トンの範囲である。そのうち国境を越えて流通する量(貿

表1－1　主要穀物の生産量と貿易量

2016年	生産量 （単位 1000 トン）	貿易量 （単位 1000 トン）	比率 （貿易／生産）
米	483,097	39,344	8.1%
小麦	754,101	179,479	23.8%
トウモロコシ	1,067,214	142,495	13.4%

（出典）アメリカ農務省国際農業サービスホームページ（United States Department of Agriculture, Foreign Agricultural Service, Grain World Markets and trades : https://www.fas.usda.gov/data/grain-world-markets-and-trade）

易量）に注目すると、米はわずか数％、トウモロコシで10％台前半、もっとも貿易比率が高い小麦でも4分の1以下である（表1－1）。最新データでは、アフリカにおける米の輸入増によって米の貿易比率が上昇し、燃料用トウモロコシ生産量も増加しているが、貿易量が多くない状況は変化していない。

これは、米が足らなくなったら輸入すればいいという議論が成り立ちにくいことを意味する。世界市場に出回っている米の比率は、他の穀物と比べておよそ6割から3分の1であり、必要時に国際市場から調達する難しさを示している。１９９３年の「平成の米騒動」のとき、日本がタイ米を輸入することによって、価格高騰や品不足のために玉突きでアフリカの米輸入国の食料供給に混乱を招いた。私たちが食料を自給していない結果、自分たちの生活に不安があるだけでなく、マイナスの波及効果が世界に及ぶことがはっきり数字で示されている。

穀物自給率の問題も深刻である。第二次世界大戦後の主要先進国の穀物自給率の変化を見ると、フランスやアメリカのような食料輸出国は当然、一貫して１００％を常に超えている。英国やドイツは

表1－2　世界主要国の穀物自給率の変化

穀物自給率	1962	1982	2002	2011
フランス	124	178	186	176
ドイツ	72	90	111	103
アメリカ	117	170	119	118
英国	56	90	111	101
日本	73	33	28	28

（出典）農林水産省「世界の食料自給率」(http://www.maff.go.jp/j/zyukyu/zikyu_ritu/013.html)。

第二次世界大戦後の苦しみを国民も政府も覚えており、何十年という歳月をかけて、１００％を達成した（表１－２）。１９８０年代には自給できていなかったが、現在はいずれも自給しているのだ。

ひるがえって日本の穀物自給率は１９６０年代の70％台から大きく減り、現在は27～28％である。種子法が廃止になると、この数字は後にも詳しく述べるように、ますます下がるであろう。ちなみに２００９年の農林水産省の統計によると、日本はＯＥＣＤ（経済協力開発機構）諸国34カ国中30位で、下から5番目だ。アフリカなどの途上国を含めたＦＡＯの統計では、１７３カ国中１２４番目である。先進国として本当に情けない。

種子法は第二次世界大戦後の飢餓状況を克服するためには必要であったが、米が余っている飽食の時代には不要な法律であるというのは、正しい判断と言えるであろうか。

第2章　国際条約と種子システムにおける位置付け

1　種子を取り巻く三つの国際条約

せめぎあう三つの条約

種子に関連する主な国際条約は三つある。表2－1には、左から加盟国が多い順に示した。

まず「生物の多様性に関する条約（Convention on Biological Diversity：CBD 以下、生物多様性条約）」。条約が目指す生物多様性利用から得られる利益の衡平な配分が自国の産業にとって不利益を被る可能性があることを主たる理由に加盟しないアメリカを除く、全国連加盟国を含む196カ国・地域（2016年末現在）が加盟している。野生生物から農作物まで、生物全体の保全・利用と利益配分を規定した条約だ。重要なのは原産国の領域内にある生物に国家の主権的権利（sovereign right）を認めていることで、動物にも植物にも国家主権が及ぶという考え方が基本となっていることである（第15条）。

次に、「食料および農業のための植物遺伝資源に関する国際条約（International Treaty on Plant

表２−１　種子に関して並存する三つの主要国際条約

名称	生物の多様性に関する条約（CBD）	食料および農業のための植物遺伝資源に関する国際条約（ITPGR-FA）	植物の新品種の保護に関する国際条約（UPOV）
日本加盟年	1992年	2013年	1982年（78年条約） 1998年（91年条約）
特徴	保護・利用・利益分配 すべての生物種 生態系・種・種内変異の三つのレベルの多様性を含む 原産国の国家の主権的権利 越境への事前同意 衡平な利益配分（名古屋議定書）	作物の相互依存の特殊性を考慮：36属＋29種の重要な作物のみを対象＝国際的な相互依存 自由なアクセス（多国間システムの構築） 農民の権利と参加（第９条） 伝統的知識の保護 育成者権・特許の利益還元（仕組み検討中） 国際基金を通じた農民支援	品種の育成振興 育成者の権利の保護 新品種育成に対する報酬の保障 品種登録と権利独占（第14条） 農家による自家増殖の例外（第15条：任意）

（注）ほかにも、知的所有権の貿易関連の側面に関する協定（TRIPS協定）などがある。

Genetic Resources for Food and Agriculture：ITPGR-FA 以下、食料・農業植物遺伝資源条約」は、作物の種子を扱う際により直接的に関係する条約である（２０１６年末現在、署名は１４４カ国・地域）。作物は他の生物資源と違って国際的な相互依存のもとにあるという特殊な条件を考慮している点が、大きな特徴である。

　そして、74カ国・地域（２０１６年10月現在）が加盟している「植物の新品種の保護に関する国際条約（International Union for the Protection of New Varieties of Plants：UPOV　以下、植物新品種保護条約）」。新しい品種を作った人や企業に育成者権を与える条約である。新しい品種を作るためには長期間かかり、相当な努力が必要なので、それに対して一定の報酬を保障している。現時点では、農家による自家増殖は育成者権の例外である。したがって、この条約に準拠した日本の種苗法では、正式な種苗業者から買った種苗を農家が自家採種すること自体は、クローンで増殖するような園芸品種を除いて、原則的に認められている（ただし、認められない方向への改正を検討中）。

国際条約では、種子を投資の対象とするという考え方と、種子は世界のもの、人類共有の財産、あるいは地域コミュニティのものだという考え方のせめぎ合いがずっと続いている。現在は、それぞれの国や地域、国際機関が、種子を持続的に利用できるシステムとしてもっともいい形のものを探っている状態であることに注目したい。今回の種子法廃止法案は、種子を投資の対象とする考えのみを強調している。それは、国際的枠組みのごく一部分を取り出して、あたかも、それが国際的な共通理解であるかのように誘導しかねない問題を孕んだ企てであると言わざるを得ない。以下、各条約の考え方について詳しく見ていこう。

生物資源に対して国家の主権的権利を認めた生物多様性条約

生物多様性条約は生物すべてをカバーし、国際的に法的拘束力を持つ。この条約における生物多様性は、次の三つの異なるレベルを含んでいる。第一に干潟や原生林のようないろいろなタイプの環境を意味する「生態系の多様性」、第二に絶滅危惧種や田んぼの生き物などいろいろろな生き物の「種の多様性」、第三に作物や家畜の遺伝資源に代表される同じ種内にある多様な個性や遺伝子を意味する「種内レベルの遺伝子の多様性」である。実際には、これら三つは別個に存在するものではなく、互いに密接に関連し合っている。

196の国と地域が加盟しているから、一般に生物資源を議論する際には生物多様性条約がスタートラインとなる。そこでは、遺伝資源を含む生物多様性は国家の主権のもとにある。国家は生物多様性を守る権利と義務を求められ、締約国およびその国民・法人は法的にこの条約にしばられる。

したがって、遺伝資源に関しては、事前に2国間で個別に合意したうえで初めて、国境を越えて利用できる。古くから研究者が共有してきた、遺伝資源が人類共通の財産であるという考え方は、もはや成り立たないと言える。このことが、2010年に名古屋市で開催された生物多様性条約第10回締約国会議で大きな注目を浴び、名古屋議定書の提案へとつながった。すなわち、遺伝資源へのアクセスの確保と利用からもたらされる衡平な利益配分の問題である。

特許権を含む知的財産権に関する国際条約や国内法は、開発途上国が遺伝資源の利用技術の円滑な取得の機会を与えられ、移転を受けることに影響を及ぼす可能性がある。生物多様性条約においては、そのことを踏まえ、そうした権利の担保がこの条約の目的を促進し、かつ反しないように、国内法などにしたがって加盟国が協力することが促されている(第16条)。

さらに、前文や第8条において、伝統的な生活様式を有する多くの先住民の社会や地域社会が生物資源に緊密にかつ伝統的に依存していること、生物の多様性の保全およびその構成要素の持続可能な利用に関して伝統的な知識、工夫、慣行の利用がもたらす利益を衡平に配分することが望ましいことを認識している。このような認識は、次に述べる食料・農業植物遺伝資源条約の理念との整合性を持つ内容と言える。

農民の権利を認める食料・農業植物遺伝資源条約

栽培植物に関係する遺伝資源の由来は複雑であり、野生植物のように現在の生息地が原産地である可能性が高いと推定する単純な議論は難しい。栽培植物は、人類の移動や交易によって世界中を移動しており、起源地の特定は非常に困難である。すべての地域が遺伝資源において相互依存のうえに成り立っていることも認識しなければならない。

ＦＡＯは１９５０年代に作成した植物遺伝資源の目録である「育種材料世界目録」の時代から、植物遺伝資源は自由に入手して利活用するべきであり、「遺伝資源は人類共通の財産」という基本的考え方に基づいて活動してきた。この考え方は１９８３年に、「植物遺伝資源に関する国際的申し合わせ（International Undertaking on Plant Genetic Resources：IUPGR）」として採択される。

しかし、工業化にともなって知的財産に関する権利意識が早くから高まった先進国側からは、育種家の権利（育成者権）は守られなければいけないという意見が出された。一方、開発途上国側からは、長年遺伝資源を育み、維持・保存してきた農民の権利を守らなければいけないという意見が出されるようになった。これは、植民地時代も含め、遺伝資源を先進国が一方的に利用して、その利益を享受してきたという考え方である（遺伝資源の主権は原産国）。これらの主張はそれぞれ、植物遺伝資源に関する国際申し合わせの付属書となった。

生物多様性条約には、「各国は自国の天然資源に対する主権的権利を有する」と明確に記述されている。それゆえ、「遺伝資源は人類共通の財産」とするＦＡＯの基本的考え方は改訂を迫られた。こうして、ＦＡＯによる国際的申し合わせと生物多様性条約のすりあわせの努力が１９９４年以降行われていく。そして、各国の協議の結果、食料・農業植物遺伝資源条約をつくることになり、２００１年に採択され、04年に発効したのである。

その理念として、農業・食料のための一定の植物（稲などの主要作物を含む36属と、主要な牧草など29種）に関しては、生物多様性条約と整合性を保ち、国家の主権的権利を認めつつも、より積極的な利用を促進している。国際的に標準的な書式の整備を行うなど、国境を越える遺伝資源のやり取りに必要な手続きを簡略化したり、その作物が国民の生活に重要な役割を持つ国間での遺伝資源の流通システムの創設、相互信頼に基づく地球的課題として対応するのである。こうして、生物多様性条約が謳った自国の主権的権利との調和をとり、かつ、食料・農業植物遺伝資源取得の促進と多数国間システムによる利益配分メカニズムの策定を決めた。

この条約が目指す世界は、遺伝資源の利用者にとってのアクセス促進（facilitated access）である。多様な関係者が遺伝資源にアクセスでき、その利用の結果としての利益が農民に還元されるという趣旨だ。

品種育成者の知的財産権を保護する植物新品種保護条約

一般に知的財産権は、発明・デザイン・小説など精神的創作努力の結果としての知的成果物を保護する権利の総称として認められている。それは、知的成果として、目に見えない財産(無体財産)に対する権利を保護するために与えられる。

しかし、経済発展と貿易の拡大にともない、発明から得られる利益の最大化が、特許をはじめとした知的財産権の大きな目的に変化してきた。従来西欧においては、知識は社会に属するものであり、個別に所有されるべきものではないという考え方がある。現在も多くの開発途上国社会にはこの考え方が受け入れられ、とくに品種に関しては農家や集落間で(金銭のやり取りの有無の違いはあるものの)交換がなされている。こうした背景のもとで、農民の立場から見たときに、植物遺伝資源の議論において知的財産権が強調されすぎることに対する違和感が指摘されてきた。

作物に対する知的財産権は、工業所有権(industrial property)の中の特許権と類似した形で、新品種の育成者権として1930年代から欧米を中心に発達してきた。1968年の植物新品種保護条約の登場以来、各国が種苗法を制定し、作物品種に対する知的財産権の管理を行うようになり、種苗会社の権利保護が強化されていく。

ただし、この条約では、原則として農民が育種・保全してきた品種は対象とされない。政府が管理し、政府や民間企業が認証種子を供給する、いわゆる近代的な種子システムの普及は、農民の品種や種子への権利を制限し、世界規模で販売を行う種子企業の支配を助長し、開発途上国の食料主権を制限する危険性もあることも指摘されてきた。

さらに現在では、遺伝子組み換え種子が農薬とセットで入ってくるような状況も起きている。そこでは、個々の農家や地域による自家採種は制限され、大規模な（多国籍）種苗会社が供給する種子を農家が毎年購入する。そうした状況が、種子の地域内循環システムや、ひいては地域住民の気候変動に対する順応性や被災からの立ち直りの力量を脆弱化させる要因となっているという批判もある。

日本では、1991年の植物新品種保護条約改定を受け、バイオテクノロジーの成果も含めて、種苗法と特許法による二重保護が可能となっている。植物新品種保護条約に基づいて新品種の登録を行うには、おおむね以下の条件を満たさなければならない。

①新規（新奇）性：当該品種が以前に販売・譲渡されていない。
②区別性（Distinctiveness）：一般に知られている他のすべての品種と（特性の全部または一部によって）明確に区別できる。
③均一性（Uniformity）：繁殖によって予想できる変異を除き、適切な重要な形質に関わる特

性において十分に一様である。

④安定性（Stability）：繰り返し増殖（繁殖）後も、適切な重要な形質に関する特性が変わらない。

②～④の特徴の英語の頭文字を取って、これらはＤＵＳ規則と称される。だが、農家が保存する品種についてこれらの特色を証明することは、科学的にも経済社会的にも困難がともなう。したがって、こうした制度自身が農民の権利や伝統的知識の保護に不利に働く点が繰り返し指摘されている。

ＷＴＯにおいても、貿易自由化の枠組みの中で、特許関連の条約や国内法規との整合性を図るために、遺伝資源の問題が議論されてきた。ＷＴＯにおいては、知的財産権の中でももっとも厳密な特許権の適用を原則としている。主に知的財産権の貿易関連の側面に関する協定（ＴＲＩＰＳ協定：Agreement on Trade-Related Aspects of Intellectual Property Rights）で、対象となる品目（除外品目）の選定や農民の伝統的知識の保護が議論されてきた。

2　種子システムという考え方

フォーマルな制度とローカルな制度

次に、種子の供給を理解する枠組みである、種子システムという考え方について説明しよう。種子システムとは、種子の生産・保存・流通・認証・販売などの一連の活動と、それらを支える組織、制度、法律も含む広範な概念である。このシステムには大きく分けて、フォーマルとローカル（インフォーマル）、ないし公的と非公的（農民的・市民的）の２つの制度があるとされている。

フォーマルな制度とは、政府機関の管理のもとに供給される、主として改良品種の認証種子に関わる。種子法が規定している制度は、ここに分類される。知的財産権を規定している種苗法も、この制度を支える概念である。

種苗法が基盤となって民間企業の権利を強く守っていることから、フォーマルな制度を中心に自由な市場の中で放置すると、多国籍企業と民間企業が主なアクターになりやすいと考えられている。種子法廃止法案で政府は、種苗法のもとで品質の保証をしていくと提案した。しかし、意識的に公的機関が関わらないかぎり、多国籍企業を含む民間事業者が短期的な利益拡大を目指しがちなシステムである。

一方、ローカル（インフォーマル）な制度は農家自身による採種や農家同士の交換によって担われ、主に在来品種の種子を供給している。日本では、有機農法・自然農法で栽培している農家だけでなく、伝統野菜の種子を守る集落や、家族用に自分たちが食べたい野菜を作る農家、さらには農業科のある高等学校など、多様な農家や組織が関わっているシステムである。

種子を大事にして毎年自家採種する人や、遺伝子組み換え種子が日本に入ってくることは地域の環境や私たちの健康にとってよくないと考えて採種を実践している人は、ローカルな制度が大切だと強調する。ただし、種子のシステムは、この２つのシステムの一方だけでは成り立たない。有機農業向けの稲の種子を採っている組織も一般的に、もとになる原種は国で開発した品種を使用している。フォーマルなシステムから種子が入って、インフォーマルな中で増殖されて有機農業に活かされるという循環が起きているのだ。片方のシステムだけでは種子のシステムは成り立たないことを強調しておきたい。

２つの制度が連携していた日本

実際には、この２つのシステムが相互補完・連携していない場合が多い。種子法を独自の法律として持っていた日本は、フォーマルな制度とローカルな制度・実践が連携している例外的なグッドプラクティス（良い実践）である。

日本は南北に長く、自然環境が異なる地域が多く存在する。各都道府県は日本中の遺伝資源を使用し、独自の品種開発にあたっては近隣県とも協力して、実証試験（圃場における栽培試験）を行ってきた。地域にもっとも適した系統を選ぶ形で、フォーマルなシステムの中にある遺伝資源を地域に戻してきたのである、そして、都道府県内で増殖を通じて育成された品種の種子が、ローカルな農業生態系の中で継続的に利用できる。戦後の70年間で、こうした制度が整備されてきたことは、日本の農業の持続性にとって重要な制度インフラである。

いま開発途上国も含めて世界中で、食料増産の必要性から種子の供給に関する法律の整備が

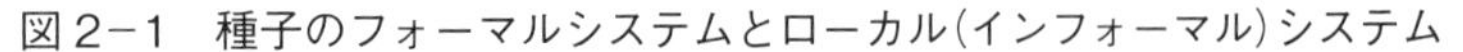
図2−1　種子のフォーマルシステムとローカル(インフォーマル)システム

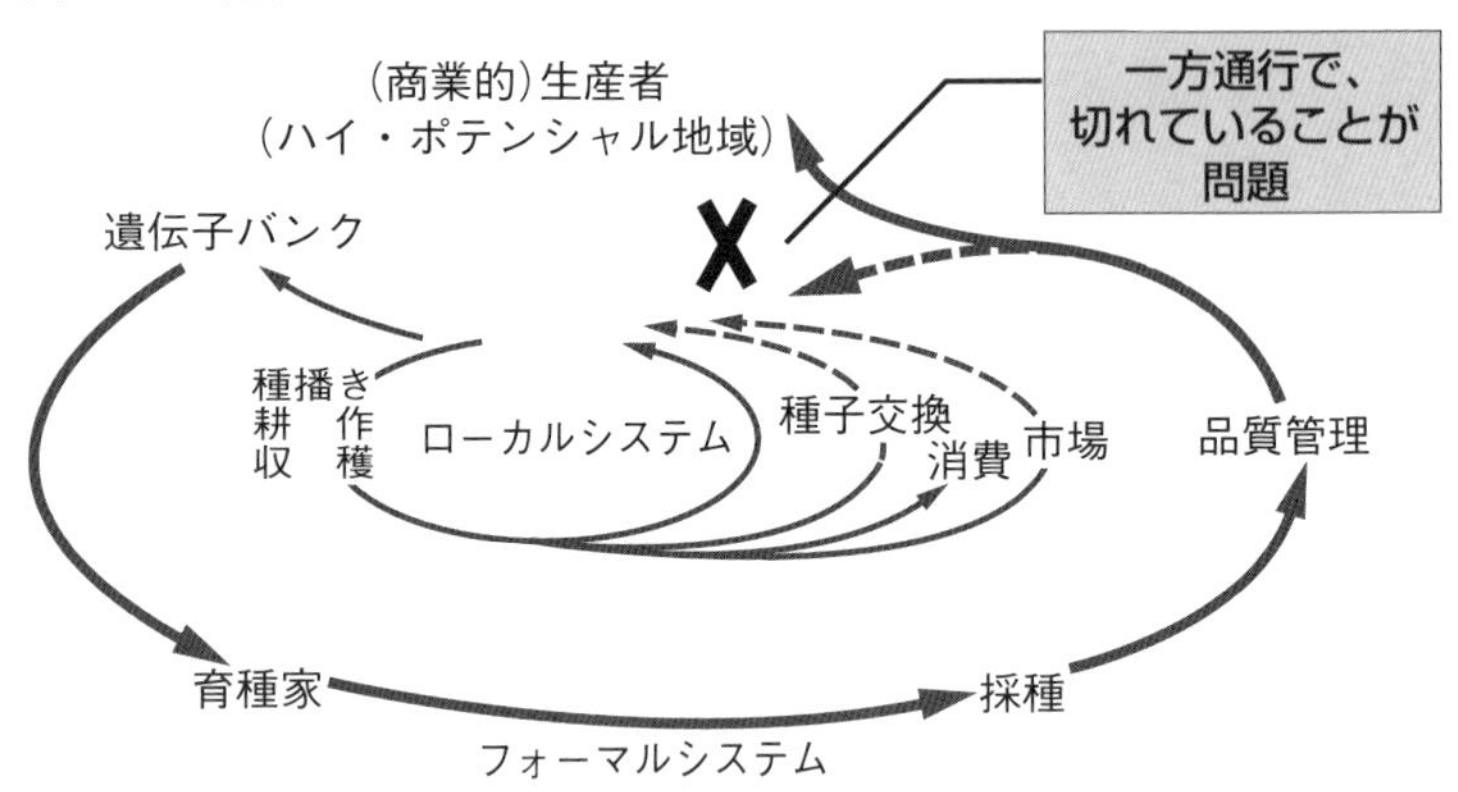

(出典) Almekinders C., *Management of Crop Genetic Diversity at Community Level'*, GTZ, 1999 年をもとに筆者が加筆。

進んでいる。ところが、ほとんどにおいて日本の種子法の精神は含められず、種苗法的な内容である。育成者権・知的財産権は守るが、農家や消費者が選ぶ権利は大事にされていないし、国の責任・義務も、必ずしも明示されていない。品質は国または国の機関が検証することになっているが、その実効性には疑問が持たれている。なによりも、企業が育成者権を行使して、自らの企業活動を行いやすくするような目的の法律であることに注意しなければならない。

図2−1を用いて、やや別の観点から種子のシステムの説明を続けたい。図の内側にある小さな楕円がローカルシステムである。昔からの農業のように、農家がタネを播き、農作物を育て、収穫し、その中から種採りして、再び播く。あるいは、近隣農家と種子交換したり、地産地消の小さなマーケット(市場)で売り買いする。

しかし、近代育種がよってたつメンデルの遺伝の法則の再発見にともない、育種が独立した経済活動分野としてビジネスになった。ローカルシステムからタネが取り出され、ジーンバンクのような地域外の種子保存システムを経由して、育種素材としての種子が育種家のもとに渡るようになったのである。

そこで育成された新しい品種は、フォーマルシステムをとおして、厳密な品質管理のもとに、農業のポテンシャルと生産性の非常に高い地域に持ち込まれていく。もともとあった小さな循環を続けてきた地域とは地理的にも文化的にも大きく離れた地域で利用されることが増えた。その結果、外側の大きな楕円で表されるフォーマルシステムが肥大化し、内側のシステムとの連関が切れてしまった。とくに野菜で顕著で、図の×印のすぐ右側の破線部分が、なかなかつながらない。

これは遺伝資源の流出と呼ばれる。遺伝的多様性のある資源的に豊かな地域から、技術はあるが遺伝的多様性のない資源の乏しい地域への、遺伝資源の一方的移動であるとも批判されてきた。

これに対して日本には種子法があったために、各地で生かされ、育まれてきた、地域に合った品種の種子が農家に安定的に供給され、ローカルシステムの中でも利用されている。もちろん、都道府県を越えてはるかに旅をする種子もあるが、種子法によって、地域内種子の利用と増殖が促進されており、地域で育まれてきた品種も利用できていたのである。

図2−2　遺伝資源の一方的な流れ

生業としての農業・地域プロジェクト → ジーンバンク育種機関 → 産業としての農業・薬品など

遺伝資源の一方的な流れ

ここで、植物遺伝資源がなぜ資源と考えられるのか整理しておきたい。「育種家が価値を取り出す材料」という考え方が、遺伝資源（genetic resources）という単語の背景にあり、加工して財やサービスを生み出すことが期待されている。

この資源は一般的には再生可能であるが、同時に、使用しないことによって消失するという特色を併せ持つ。使用されなくなった伝統野菜の種子が地域から消えていく現象はこの状況を表しており、遺伝的侵食と呼ばれる。先にも述べたように、一般には、育種を通じて、もともと生業としての農業や地域に根差したプロジェクトで利用・保全されてきた遺伝資源は、ジーンバンクを中心とした科学的な活動を行う組織に収集され、育種の素材として利用され、改良品種として異なる地域に提供されてきた。

種子のシステムを考えるとき、在来品種などの遺伝的多様性は、図2−2の「生業としての農業」で利用され続けてきた遺伝資源が、品種育成から種子共有に至るシステムの上流部分と理解される。そして、将来の役に立ちそうな、たとえば「病気に強そう、味がよさそう、収量が高い」といった品種を集めて、それらを育種して、「産業として農業」の強化に役立てる。品種はこうした財を生み出すための資源であるという考え方に基づく利用が、遺伝資源の一方的・商業的な流れをつくり、産業としての農業や薬品開発の市場で流通する商品としての品種が育成されて、下流部分で利用される。これは、企業による商業的利用を中心にした考え方である。

一方、種子法をはじめとする、自家採取などのインフォーマルなものを含めた地域における資源は、昔から作られてきた在来品種も含めた種子が育種機関の手に渡り、国や都道府県の試験場、普及組織、米麦改良協会、ＪＡという組織が介在して、種子が循環する体制をきずきあげてきたと言えよう。種子法の廃止がこの循環を弱める可能性については、第10章で改めて触れたい。

第3章　ジーンバンクと農家圃場の遺伝資源保全

日本のジーンバンクの責任者を長く務めた河瀬眞琴氏は、日本と世界のジーンバンク活動の始まりを次のように解説している。まず、日本では、1903〜06年に当時の農商務省(現在の農林水産省と経済産業省に相当する)が国内各地から約4000点もの稲の在来品種を収集。異名同種や同名異品種を整理して、約670品種をそのころ始まった近代的な交配育種の素材とした。世界に目を向けると、1920年代にソビエト連邦(現ロシア)のニコライ・バビロフ(N. I. Vavilov)が、作物育種のためには多様な遺伝資源の確保が非常に重要であると考え、世界各地で組織的な遺伝資源探索収集調査を実施したという。

このように、作物遺伝資源の保全は一般にジーンバンクにおいて行われる。しかし、それは制度の一面であり、もともと作物が作られている農家の圃場で遺伝資源を保存する考え方も存在する。農業の発展、とくに品種改良と生物多様性の間には、トレードオフの関係が存在する。そのため、品種改良された新品種の導入によって農家の圃場から消失していく生物多様性をどこで保存するのかが長く議論されてきた。本章ではこうした異なる保存方法の背景にある遺伝資源の価値の捉え方を紹介したうえで、域外保全・域内保全の実態と実例を紹介したい。

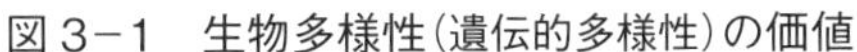
図3－1　生物多様性(遺伝的多様性)の価値

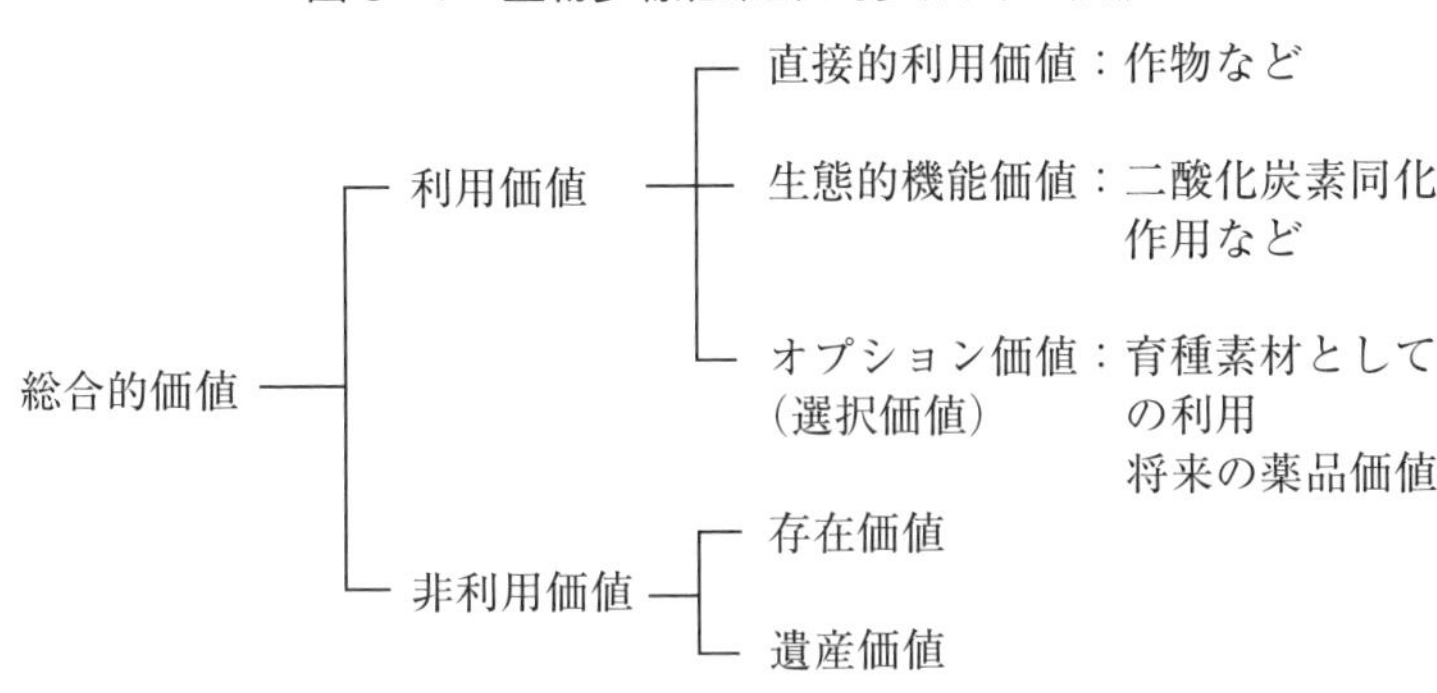

1　遺伝資源の価値と保全の場所・方法

遺伝資源の価値を考える

遺伝資源の収集が始まったのは20世紀初頭にさかのぼるが、その価値について総合的な議論が始まったのは、それほど古いことではない。ここでは、1990年代のOECDの議論をもとに簡単に紹介しよう(図3－1)。

植物遺伝資源が消失しており、将来の育種素材が失われる危険があるという論理は、生物多様性の価値の中では利用価値のオプション(選択)価値に根差している。この価値ゆえに、収集や保全の必要が訴えられてきた。将来の薬品開発の可能性などもこの範疇に入る。

しかしながら、実際には世界の多くの地域では、生物多様性の直接的利用価値である作物そのものの価値が利用されていることが多い。とりわけ開発途上国の農民にとっては、作物そのものの価値が関係者にどのように認識・評価されているかが、生活の持続可能性に著しい影響を与えている。

作物品種の多様性を材料にして、高収量や耐病性などの経済的価値を育種という作業を通じて取り出すという考え方が、作物品種を資源と理解する背景にある。自然科学者も経済学者も、遺伝資源の価値をこの将来利用される可能性のある選択価値で捉えることが多い。たしかに医薬品などでの利用を考えると、現在の科学的知見では作物から採れるどのような物質が効能を持つのかわかっていない場合も多く、選択価値が非常に大きいことは間違いない。

だが、たくさんの農家が日々利用している遺伝資源の直接的利用価値にも注目するべきである。それは、将来なくなると困るという不確実なものではなく、毎年毎年の農家の営みの中で利用されている作物の多様性であり、種子のローカルシステムとして機能している地域内で循環する資源利用である。こうした価値が、作物を育てる農業者だけでなく、作物を消費する一般市民にも把握されることによって、遺伝資源がより持続的に管理される可能性があるだろう。具体的には、地域特産物の利用や地産地消運動などである。

遺伝資源をどこで保全するか

遺伝資源の価値が受け入れられれば、その資源がどこで保全され、誰が利用できるのかという議論が必要となる。実際には、多くの育種研究者は、遺伝資源を人類共通の財産として所有者を曖昧とすることで、自由な使用を正当化してきた。

遺伝資源をその植物が本来生育している場所以外で保存することを「生息域外保全」、本来の生育地で保存することを「生息域内保全」と呼ぶ。効果的かつ包括的な遺伝資源の保全のためには、この両者の組み合わせが重要となる。

単純には、生息地域内保全が農民のアクセスには便利で、科学技術を利用した生息域外保全が信頼性や効率性の面から推奨される。しかし近年は、生息域外保全である研究所やジーンバンクの冷蔵庫内だけでなく、実際に作物が作られているところで保全する生息域内保全・圃場内保全の重要性が指摘されるようになってきた。これは、地域開発における参加型開発の考え方の興隆とも整合している。持続可能な開発には、研究者や技術者による科学的知見と政府による関与だけではなく、地域の組織・制度・知識の活用と人びとの参加が求められる。とりわけ、農業活動の場合は農家の参画が必要であると考えられる。

将来的な利用である選択価値を意識した生息域外保全では、遺伝資源は地域外で利用されるわけだから、その利益分配システムは巨大でグローバルになる可能性が高い。一方、農家自身による現在の使用価値を意識した圃場内保全では、利用と利益の分配は地域内で実現できる。

2　ジーンバンクにおける保全の実態と評価

主に先進国で保存

植物遺伝資源の事業は、とくに収集と保存に関しては、基本的に生息域外である先進国およよび国際機関のジーンバンクが中心になって実施されている。利用については、これらの組織に加えて多くの民間企業が参入し、育成された品種に対するパテント（特許）が国際政治・経済の問題となる。改良品種は当然として、野生植物と在来作物品種の遺伝資源も、多くが生息域外で保全されている。

野生植物の生息地外保全は、種子ではなく植物体で行われることも多く、歴史的には植物園が大きな役割を担った。植物体での保存の利点は、発芽作業なしに、そのまま育種や実験の材料として利用できることである。これに対して問題は、種子と比較した場合の物理的な大きさと、呼吸や光合成など活発な生命活動を行っている状態であることだ。そして最大の技術的問題として、捕捉された多様性の範囲がきわめて限られている可能性が高いことが挙げられる。

栽培植物の多くについて種子で保存できれば、生理活性のもっとも低い状態であるから、生物学的には保存に最適である。多くの種子は、低含水量・低温状態で長時間保存できる。近年は、組織培養による試験管内の保存も多い。

こうした生息域外での保全は、ほとんどが先進国で行われる。したがって、必要なときに開発途上国に還元できなかったり、遺伝資源が保全されている先進国の研究機関にアクセスできる一部民間企業が独占的に遺伝資源の経済的価値を利用したりするという批判が、国連をはじめ国際社会で繰り広げられてきた。米ソ冷戦時には、アメリカなどが敵対国に対して自国内に保管されている遺伝資源の禁輸もありうると明言し、議論は深刻化した。

その後、資源ナショナリズムが盛り上がる中で、先進国の援助を受けて多くのジーンバンクが開発途上国につくられた（ドイツはケニアやエチオピアを支援、日本はミャンマー（ビルマ）やスリランカを支援）。とはいえ、それらの多くは、停電による冷蔵庫の停止などの初歩的なものを含めて、多くの技術的課題をかかえ、信頼性が低い。人類の遺産としての植物遺伝資源の保全を目的とする場合には、必ずしも適切とは考えられない。

なお、遺伝資源は多くの場合、探索・収集されても、集団を根こそぎ持ち去らない（実際にそのようなことは起こらない）かぎり、もともとの生息域から消滅しない特徴があることにも注意すべきである。所有権の意味が曖昧になっている現時点での妥当な解決方法は、遺伝資源の収集時にサンプルを二つに分け、一つを収集した国に残し、もう一つを先進国あるいは国際機関のジーンバンクが保管するという方法である。これは、ごく一般的に行われている。

世界種子貯蔵庫について

ノルウェー領のスヴァールバル諸島（ノルウェー領土であるが、経済活動は第一次世界大戦戦勝国に開かれており、日本やアメリカも自由にビジネスを展開できる）の永久凍土の中に、世界種子貯蔵庫（Svalbard Global Seed Vault）が建設されたのは、２００８年のことである。「種子がなくなれば食べ物が消える。そして君も」という言葉を残した、国際小麦・トウモロコシ改良センターのベント・スコウマンが提唱し、ビル・ゲイツ氏らの出資によって、地球上の種子を冷凍保存する世界最大・最後の施設として、同諸島のスピッツベルゲン島に建設された。

このジーンバンクは、将来起こるかもしれない気候変動や自然災害、(作物の)病気の蔓延、核戦争などに備えて世界中の作物の遺伝資源を保存するとともに、地域的な絶滅があった際には返却して復活させる素材を保存・提供することが目的である。実際２０１６年には、以前収集した豆類、穀類、まぐさ(牛や馬の飼料)などの種子のサンプルがトルコ経由で内戦下のシリアにあった研究所に返還されたと報道され、話題を呼んだ。

最大３００万のアクセッション(サンプル)が保存可能とされる地下貯蔵庫はマイナス18～20℃に保たれ、停電が起きても永久凍土層によって護られると想定されている。ノルウェー政府はこれを「種子の箱舟計画」と称し、１００カ国以上の支援を受けて建設した。運営は、非営利組織であるグローバル作物多様性トラスト(Global Crop Diversity Trust：GCDT)によって行われている。出資者がビル&メリンダ・ゲイツ財団などであることから、種子の囲い込みの一部であるという懸念が世界中の市民団体から出されているが、現状で他の選択肢や財源がほとんどない中で、リスクの分散を図る意義は大きいと筆者は考える。

公表されているルールでは、この種子貯蔵庫で預かる種子は、いわゆるブラックボックス方式で、管理者であるグローバル作物多様性トラストは中身を知らされないし、また開封も許されない。種子はどの国にとっても戦略物資である。食料安全保障や農業の持続性を保つための国外保管は危険をともなうが、デュプリケート(複製)をブラックボックスで預ける方式で、より多くの預け入れを促している。前述のように内戦下のシリアに種子が返還されたことから、その有効性が認められるようになった。日本からは、岡山大学の大麦・野生植物資源研究センターの大麦を中心とした遺伝資源が預けられている。

キューガーデンのミレニアム・シードバンク

栽培植物だけではなく、野生植物を中心に集めている国際的なジーンバンクも紹介しよう。そのミレニアム・シードバンクは、イギリス南部ウェスト・サセックス地域の、ナショナルトラストが所有するウエークハースト・プレイスという広大な庭園の中にある。このシードバンクの歴史は、１８９８年に種の保管を始めたことから始まる。１９８１年に保存と研究の二部門に分かれた。現在行われているミレニアム・シードバンク・プロジェクトは１９９５年に発足し、以後世界中にネットワークを広げ、遺伝資源の収集と保全を行っている。

その活動は、気候変動や人間の生活環境の変化による影響がますます大きくなる中で、絶滅危惧種や（現在は技術的な制限や気候条件の変化がそれほどでもないために未利用であるが）将来的に利用できる可能性のある植物の種の保全が不可欠であるという基本的理念に基づいている。気候変動や人口増加による農地減少にともない、将来的にはより多くの品種を食料として利用する必要性が生じる。ところが、３万種以上の植物種が可食性を持つとされているにもかかわらず、現代人が食用としている種の数は非常に少ない。そこで、多様な種子を保存していく組織が必要になる。

同時に、植生の変化にともなうエコシステムの崩壊を防ぐことが、貧困や飢餓、病気の予防につながる。それゆえ、希少な植物や絶滅の危機にある植物を守る組織や施設が求められる。そうした役割を担う組織として、ミレニアム・シードバンクは自らを位置付けている。今後の目標は、２０２０年までに世界中の植物の25％の種を保全することであるという。

経験を積んだミレニアム・シードバンクの科学者が探索隊として各地で種を同定し、サンプルを収集する。そのサンプルやフィールドでのデータを世界中にあるシードバンクに運び、研究や長期保存のために活用する。ミレニアム・シードバンクだけでなく、探索や収集で協力している世界中のパートナーが所有するシードバンクでも、サンプルの保存が可能である。

さらに、種の保全に必要な技術的基盤を向上させるサポートも行っている。ミレニアム・シードバンクが持っている知識と経験を連携するパートナーたちに伝えることも、活動の一環である。たとえば、種の保全に必要な装置や施設の提供、種子を効率的に保管するための科学的プロセスの教育、新しい種子保全の技術的トレーニング、各地のシードバンクをサポートするための情報共有などが含まれる。知識の囲い込みを意識的に否定しているわけだ。

政府からの資金は、わずかの割合しか占めていない。ほとんどは、個人や企業・団体からの寄付による。

日本のジーンバンク事業

日本国内の農業研究機関は、それぞれが使う遺伝資源（育種材料）を各研究所で保存していた。１９６６年に農林省（当時）が農業技術研究所（神奈川県平塚市）に種子貯蔵施設を設立し、77年には筑波研究学園都市（現・茨城県つくば市）に2代目の種子貯蔵施設を建設。１９８３年に組織再編によって、農業研究分野の基礎・基盤研究を担う研究組織として、農業生物資源研究所が設立された。

その後、農林水産省は１９８５年に「農林水産省ジーンバンク事業」を開始。農作物・家畜に加えて、微生物なども含めた遺伝資源の探索・収集、特性評価や分類同定、保存管理、増殖、配布など、遺伝資源に関する活動を集約・拡充した。

１９８８年には3代目、２０１５年には4代目の種子貯蔵施設が完成し、マイナス18℃、湿度30％に保たれた長期保存庫（一週間の停電にも耐えられる）の貯蔵能力は40万点である。２０１６年４月現在、稲３万９５６７点、麦5万９２２０点を含む、22万９１３２点が保存されている。なお、運営は２００１年に独立行政法人に移行したが、主たる役割に変更はない（農業生物資源ジーンバンク植物遺伝資源部門ホームページ：https://www.gene.affrc.go.jp/about-plant.php）。

3 農家圃場における保全の実態と評価

可能性・意味・社会経済的システム

次に植物遺伝資源の生息域内保全について、栽培植物の例を中心に紹介する。栽培植物は多くの点で野生植物と異なる。たとえば、自然条件下においては他の野生種との種間競争力に弱い、人間に利用される部分が巨大化している、生殖成長よりも栄養成長が選択されて繁殖能力の劣化が見られる場合がある、人間に利用される部分の形態が多様である、急速かつ均一な発芽性質が種子に見られる、などである。

これらすべては、植物が人間の管理下に置かれたために備わった性質であり、在来作物品種を生息域内で保全する場合、こうした特徴を十分に考慮しなければならない。なお、種間競争力に関しては、熱帯の混作地帯においては必ずしも失われていないことに注目しておくべきである。

栽培品種の多様性は、世界中に均等に存在するわけではない。その多くは、栽培化の中心である東南アジアやサブサハラアフリカ（サハラ砂漠より南のアフリカ）、アンデス地域（南米）など熱帯・亜熱帯地域を中心とした開発途上地域に存在している。どこで保全を行うかを検討する場合、これらの多様性に富んだ地域と、比較的新しく栽培植物が導入された地域（第二次中心、エチオピアの麦や日本のアブラナ科野菜など）の両方を対象とすべきである。

それは、栽培化の中心にもっとも多くの遺伝子が存在するとともに、新しく導入された地域において新しい適応型の品種が存在する場合もあるからだ。さらに、世界的にはマイナーであっても地域的に重要な特殊な作物の栽培地域においても、そうした作物品種を対象とした遺伝資源保全が行われなければならない。

ここでいくつかの大きな問題が提起される。第一は、そもそも在来作物品種の生息域内保全は可能かという問いである。第二は、在来作物品種の生息域内保全は意味があるかという問いである。第三に、そのような生息域内保全を行う社会経済的システムが存在し得るかという問いにも答えていかねばならない。

これらを議論したうえで初めて、在来作物品種が持つ多様性を用いた農業開発や農村開発の議論が可能になろう。

在来作物品種の生息域内保全は可能か

一般に農民は、少なくともその第一の目的として、遺伝資源保全のために作物を栽培するわけではない。作物を栽培する際には、農民にとって必要とされる特性が選択される。それは品種の多様性の減少につながる可能性がある。もっとも、エチオピアのある部族で、主食であるバナナによく似た作物のエンセーテに関し、農民が意識的に多様性を増大させる選択を行っている例が、京都大学の重田眞義氏によって報告されている。農民の栽培に対する行動に関しては、さらなる研究が必要である。

１９８０～90年代に議論された、在来作物品種の多様性をその栽培地において保全する方法として、二つのアプローチがある。一つは、ある在来品種が栽培されている地区すべての圃場において他の品種の栽培を制限する方法である。この方法を採ると、農家が限られた品種から多くの生産物を得ようとして、結果的に生産性の高い品種ばかりになる可能性を内包していると批判された。

もう一つは、ある在来作物品種が栽培されている地域の農地の各ブロックの一部でその在来品種を作り続けることである。この場合、大部分の農地が改良品種を生産している中で、同時に毎年在来品種が部分的に栽培される。メキシコにハイブリッドのトウモロコシが導入された際に観察されたように、販売用品種が栽培されている地域でも、農家が庭先で自家消費用に在来品種を栽培したり、果樹園の一部に古い木を残したりすることは、多く報告されている。日本でも、最近一部の米の品種や伝統野菜が地域おこしの枠組みで栽培されている例がある。

このような保全は研究者によって見直されており、新しい農民主体の遺伝資源管理につながる可能性を持つ。ただし、植物が他殖である場合、周囲で大規模に生産されている商業的品種の遺伝子が在来品種に混ざる危険性は否めない。

これと関連して、トルコやイスラエルの一部では、人間の生活の影響がある程度ありながら、自然に近い状態の広大な半自然の生態系が保護区域とされて、大麦の野性近縁種などの保全が行われている。また、国際小麦トウモロコシ改良センターの研究によると、たとえばメキシコ南部チアパス州のトウモロコシ栽培の例では、山岳地帯の在来品種中心地域、中央部の河川流域の商業的農業と自給的農業の混在地域、海岸部の改良品種が商業的に栽培されている地域の三つに、栽培体系が明確に分かれていた。このうち中央部では、１９９０年代後半でも15種類のトウモロコシの栽培が報告されていた。

農民は、土壌への適合性、干ばつへの耐性、風への耐性、肥料投入への反応性、雑草防除と施肥のタイミングへの反応、そして収量の６点をトウモロコシの品種選択の重要項目として挙げている。どの品種を選んでも、これらすべての規準に対して高い評価を与えることはできない。したがって、農民は二つ以上の品種を栽培するが、地域内で栽培されている全品種をすべての農民が栽培しているわけではない。近くで改良品種が栽培されることによって、栽培品種の進化が現在もメキシコの農民の圃場で起こっているとも言える。

４　世界に開かれるとともに、世界に依存している日本の遺伝資源

以上議論してきたように、生息域外のジーンバンクに種子が保存されていても、少なくとも研究者は比較的自由に世界中の遺伝資源にアクセスできる。食料・農業植物遺伝資源条約に基づいて、国際的な遺伝資源の相互依存は担保されている。過去においても、現在においても、

表3−1　新潟県で開発されたいもち病抵抗性のコシヒカリ系統の遺伝子供給源

コシヒカリ系統名	いもち病抵抗性遺伝子導入に使用された交配親	遺伝子供給源となった遺伝資源	遺伝資源原産国
コシヒカリ新潟BL1号	ササニシキ		日本
コシヒカリ新潟BL2号	トドロキワセ		日本
コシヒカリ新潟BL3号	Pi No.4	TADUKAN	フィリピン
コシヒカリ新潟BL4号	新潟早生	ZENITH	アメリカ
コシヒカリ新潟BL5号	越みのり	茘支江	中国
コシヒカリ新潟BL6号	ツユアケ	北支太米	中国
コシヒカリ新潟BL7号	とりで1号	TKM1	インド

（出典）河瀬眞琴「食料生産のカギを握る遺伝資源の保存」『AFCフォーラム』2013年5月号。

育種に直接携わる関係者の間では、品種育成は世界的な相互依存が必須条件である。遺伝資源は人類の遺産であるから共有するだけでなく、よりよい品種を作り出すには交換と異品種の出会いが必須であると現場では認識されている。遺伝資源の囲い込みは、もっぱら政治的課題と言えよう。

具体的事例で説明したい。コシヒカリの育成に使われた遺伝資源は日本の在来品種であるが、いもち病に対する弱さを克服するために、各都道府県がそれぞれの気候も考慮した多様な品種を育成し続けてきた。こうした品種は「コシヒカリBL」と呼ばれる品種群となり（123ページ参照）、表3−1に示したように、そこで使われている遺伝子は実にさまざまな国から提供されている。私たちが食べているコシヒカリには、世界各国の稲の血が流れていると言ってよいだろう。

日本のジーンバンクの植物部門では、登録数約23

万点の情報の一部はデータベース化され、インターネットで公開されている。作物別の内訳は表3−2のとおりである。遺伝資源は試験研究目的または教育目的で使用でき、表中の「配布可能点数」が、海外も含めて要望があれば配布される。実際に、毎年5000〜1万点の植物遺伝資源が国内外の申込者に配布され、品種開発、遺伝子解析、多様性・生理・生態の解析、新たな食品加工素材研究などに活用されている。2015年現在、公開されている情報は約10万点に及ぶ。

表3−2　ジーンバンクが保存する植物遺伝資源
(2012年11月30日現在)

区　分	総保存点数	配布可能点数(アクティブコレクション)	種子の形での保存
稲類	37,312	27,018	37,312
麦類	58,181	34,261	58,123
豆類	20,230	14,350	20,229
イモ類	5,502	2,533	428
雑穀・特用作物	16,964	9,755	14,347
牧草・飼料作物	31,181	14,765	27,165
果樹類	8,443	3,629	144
野菜類	25,552	11,766	24,379
花き・緑化植物類	4,269	358	93
茶	6,632	1,291	148
桑	1,389	737	0
熱帯・亜熱帯植物	219	16	38
その他	3,207	765	1,803
合計	219,081	121,244	184,209

(出典)河瀬眞琴「食料生産のカギを握る遺伝資源の保存」『AFCフォーラム』2013年5月号。

食料・農業植物遺伝資源条約の実施制度が整備されるにしたがって、こうした交流はますます盛んになるであろう。これは、種子法廃止とは直接関係のない世界の大きな流れであることを確認しておきたい。今後、このようなジーンバンクに保存された種子の積極的利用と、農民自身による圃場内保全システムの継続的活用が同時に存在し、それらが互いに連携し、農家・農民が継続的に遺伝資源を利用して、新しい品種や地域の景観などの財やサービスを取り出していく、多様かつ多層性を持つシステムの発展が期待される。

（注）本章の記述（とくに、ロシアと日本のジーンバンクの紹介）については、河瀬眞琴氏の「内外のジーンバンクにおける有用な遺伝資源の保存」（西川芳昭編『種から種へつなぐ』創森社、２０１３年、第２章）の記述を要約して利用させていただきました。記して謝意を表します。

第４章　農業・農村開発の考え方と農民の権利

1　開発に対する考え方の変遷と遺伝資源利用の利益配分

遺伝資源利用の功罪

一般に、ある農業生態系の中に存在する品種の範囲が広いほど、生態系は安定的で、また環境の変化や病害虫の発生に対する抵抗力が強いとされる。多様性に富む作付体系の生産性は単作の生産体系と比べて高くはないが、環境の変化に対する危険にはさらされにくい。生物多様性の持続的な管理を通じて、農業・農村開発を実現するには、この安定性と生産性のバランスをどのようにとっていくかが問われる。

第二次世界大戦後に旧植民地の独立とともに登場した開発経済学では、経済成長の恩恵はやがて貧しい人にも滴り落ちる（トリクルダウン）という前提があり、海外からの援助による社会資本整備が行われ、鉱工業の発展が目標とされた。だが、都市と鉱工業を中心とした開発は、農村地域を貧しさから解放することには必ずしも大きな効果を持たなかったと考えられる。

一方で、緑の革命においては、開発された技術パッケージを地域が採用できる条件が整ったとき、農業研究への投資による品種改良が農業生産性を飛躍的に向上させる可能性（1960～2000年の40年間で、たとえばトウモロコシの収量は2倍以上、穀物全体の生産量は2・2倍程度になった）を証明したと言える。この品種改良が、生物多様性を農業・農村開発に用いた最初の明示的な事象と考えられる。そのとき品種育成の素材として用いられた種子は、後に農業生物多様性と呼ばれる作物遺伝資源が中心であった。

緑の革命に代表されるように、育種素材として遺伝資源が利用され、人類の福祉向上に寄与したことは、間違いのない事実である。しかし、遺伝資源が本来存在した地域とは異なる地域でも利用され、生態系の破壊などの問題も引き起こしている。

農業の近代化や品種改良が進むまで長い間にわたって、農家は自分たちが毎年播くタネを自分で採種するのが当たり前であった。農業生産のための投入財として、種子は重要かつ繊細な役割を果たしている。歴史的には、農家はタネを自家採種し、自分の農地に最適な形質を持つ系統や、自分が栽培したい（食べたい）形質を持つ系統を選抜してきた。この行為が、作物種内の多様性が創り出され、保全されてきた、主要な要因の一つである。

ところが、現代の農業では、商業的生産を目的とした農業のみならず、自給用作物栽培（趣味の園芸や家庭菜園を含む）においても、種子は購入される場合が多い。限られた数の改良品種への栽培集中による、病害虫や気候変動に対する脆弱性の問題が指摘されるとともに、作物を作る人・食べる人の選択の権利が制限されていることに対する懸念も広がってきた。

さらに、現在は先進国だけでなく開発途上国においても、商業的改良種子（ハイブリッドなど）を使用した画一的農業が普及している。農民による主体的な遺伝資源管理を促進するような社会的・政治的システムが、必ずしもグローバルに存在しているわけではない。とくに、知的所有権制度が地域の農民の自由を制限しているとも考えられる。

開発におけるパラダイム転換と植物遺伝資源

緑の革命の背景には、近代的育種で育成した品種を灌漑技術や肥料などと組み合わせて穀物の生産量を増加させるために、遺伝資源を保全しようという考え方がある。これに対して、前章で描写したように、農民が地域に適した品種を管理・育成しようとする考え方もある。両者の違いは、開発そのものをどのように考えるかの整理によっても理解できるだろう。

１９８０～90年代にかけて、国連開発計画（ＵＮＤＰ）などによる開発の理念が、経済開発から人間開発へと大きく変化し、その手法も多様化した。工業化による経済開発が普遍的な手段であると考えられていた時代に最重視されたのは、科学技術の後進地域への移転と広域的な適用である。開発の持続性を実現するための地元組織・制度・知識の利用は、必ずしも高い必要性を認識されず、むしろ、そうした地域特有の事情は開発にネガティブな影響を与えると理解されていた。

表4-1　開発のパラダイム転換とその考え方

項　目	従来の開発	新しい開発の考え方
開発の哲学	経済的発展	豊かさの実現
開発の目標	地域・国家の開発	人間の開発・人間の安全保障
開発の主体	国家	一人ひとりの人間
近代化の概念	直線的発展	多系的発展過程の認識
プロジェクトの評価	目標達成	過程の重視
技術の位置付け	科学技術の卓越性	地域における伝統的知恵の卓越性
地域住民	援助・開発の対象／受益者	開発の主体・資源／専門家と共同の学習者
情報の所在	外部専門家	地域住民
産業基盤	工業	農業(生態系の重視)
環境に対するまなざし	支配の対象	保全と共生の対象

(出典) ロバート・チェンバース著、野田直人・白鳥清志監訳『参加型開発と国際協力――変わるのはわたしたち』(明石書店、2000年)を参考に、筆者が修正加筆。

近年になって、農村総合開発のように、地域の自然と社会に依拠し、かつ総合的なアプローチを必要とするプロジェクトでは、参加によって持続性が高まることが理解されていく。ローカルな知識の必要なプロジェクトでは、外来技術の移転のみでは実施が困難である。地域にあるさまざまな主体者(アクター)と、その価値観を含めたアプローチが不可欠になる。

参加型開発の提唱者の一人ロバート・チェンバースらは、開発におけるパラダイムの転換を表4-1のようにまとめている。もちろん、開発の概念は複雑であり、何をもって開発が達成されたかは、地域や時代によって、また同じ地域の住民でも職業や性別、年齢によって異なる。

とはいえ、開発が実行されるためにはできるだけ多くの住民が参加すべきであり、その参加を通じて形成・実施された開発ほど持続性が担保されると考えられる。疎外されてきた人びとが参加できれば、一人ひとりがエンパワーされる。それは開発の目的でもある。この考え方は、２０１５年に国連が採択した持続可能な開発目標においても、「誰一人取り残さない」と明確に表明された。こうした過程を通じて、新しい開発の哲学である豊かさが実現される。

生物多様性利用にともなう衡平な利益配分

植物遺伝資源の保全と利用に関する議論が本格的に国際的な場で始められたのは１９６０年代前半で、ＦＡＯにおいてであった。その後も、他の資源問題と同様に南北問題の一つとして大きな国際的課題となる。

初期のころは、近代的育種を前提とした先進国の育種研究者が議論の中心であった。したがって、遺伝資源が育種素材提供のために探索・収集され、先進国の研究機関がその保全を行うのは当然とされ、所有者は誰かという問いも発せられなかった。もっとも、遺伝資源の探索は大航海時代以来のプラントハンターにまでさかのぼるとも指摘されている。植民地の拡大とともに遺伝資源収集の活動も活発化していったことが、南北問題や資源ナショナリズムの議論を遺伝資源に持ち込むきっかけになったと想像される。

[2] 食料・農業植物遺伝資源条約における「農民の権利」の概念

明確に示されている農民の権利

２００４年６月に発効した食料・農業植物遺伝資源条約は、「農民の権利」（外務省による公式訳語は「農業者の権利」）を前文で明確に定めた。[1] 遺伝資源の創出と保全にこれまで農民が果たしてきた、そして今後も果たすであろう役割が明確に示されている。

「（前略）当該資源を保全、改良及び利用可能にするに当たって、世界のすべての地域（特に起源及び多様性の中心地）の農家の過去、現在及び未来における貢献が農民の権利の基礎であることを確認し、更に、本条約で認める、農民が貯蔵した種子及びその他の繁殖性の材料を保存、利用、交換及び販売する権利並びに食料・農業植物遺伝資源の利用に関する意思決定及び当該資源の利用から生じる利益の公正かつ衡平な配分に参加する権利が、農民の権利の実現及び国内的又は国際的水準での農民の権利の増進及び実現の基礎であることを確認し、（後略）」

作物遺伝資源から得られる利益については、経済的な意味の配分と、非経済的な貢献の両方で農民や市民の役割があると考えられる。なかでも非経済的な貢献には、ＮＧＯやＮＰＯなどの市民運動が期待される。そもそも、経済的な価値の追求だけではなく、作物の種子の総合的な価値を評価する視点を創り出すのは、運動を主体的に進める農民や市民である可能性が高い。それは、１９９９年にアメリカのシアトルで開催されたＷＴＯの閣僚会議を市民グループが阻止したことからもうかがえる（そのやり方の問題は議論されるべきであろうが）。

また第９条では、「(a)食料農業植物遺伝資源に関連する伝統的知識の保護、(b)食料農業植物遺伝資源の利用から生じる利益の配分に衡平に参加する権利、(c)食料農業植物遺伝資源の保全及び持続可能な利用に関連する事項について国家水準の意思決定に参加する権利」を農民の権利としてまとめており、締約国に対してその実現の責務を課している。同時に注目しなければならないのは、第９条３項にあるいわゆる「農民の特権」と呼ばれる権利で、農民が古来行ってきた農の営みを担保しようとする内容である。

「本条のいずれの規定も、国内法令に従って、かつ適当な場合においてのものであって、農場が自ら保存した種子及び繁殖性の材料を保存、利用、交換及び販売する一切の権利を制限すると解釈されないものとする」

「農民の権利」という概念がＦＡＯで初めて公に議論されたのは、植物遺伝資源に関する国際的申し合わせを議論する「食料農業のための遺伝資源委員会」の第一回作業グループ会合（１９８６年６月２～３日）であった。そこで「農民の権利」は、「育種家の権利」の認識に加えて、育種素材の原産地である農家の権利についての言及が必要であるという文脈で述べられている（食料農業のための遺伝資源委員会文書 CPGR／87／3、１９８６年）。

その後も議論の中心は、育種素材である植物遺伝資源の多様性を守り育ててきた農民に対して何らかの金銭的配分を行おうとするものである。また、いったん農家圃場から持ち出された遺伝資源は「人類共通の遺産（Common Heritage of Mankind）」であることが前提とされた。

１９８９年のＦＡＯ総会では、育種家の権利と農民の権利を「技術の提供者」と「遺伝的素材の提供者」のそれぞれの権利であることと、その両方を認識し、その貢献に対して補償を行う必要を認めた（ＦＡＯ総会決議４／89および５／89）。ここでも、遺伝資源は人類共通の遺産であり、すべての人びとがアクセスできることを前提に、開発途上国住民の改良品種へのアクセスの保証を提言しているのである。

さらに、１９９６年にまとめた『食料・農業のための世界植物遺伝資源白書』でＦＡＯは、「土壌、水、そして遺伝資源は農業と世界の食料安全保障の基盤を構成している。これらのうち、最も理解されず、かつ最も低く評価されているのが植物遺伝資源である」と述べた。そこでは、植物を生産する営みである農業には土、水、光などと同様に、種子や品種が必要であることが確認されている。同時に、土壌や水については世界的・地域的な議論が活発になされているが、植物遺伝資源に関しては企業・研究者による育種利用、あるいは製薬企業や化学企業による植物由来成分の商業的利用のようにごく一部でしか議論されておらず、全体像の把握と改善が遅々として進んでいないことに警鐘を鳴らした。

農民の権利や食料主権を実現するための課題

先進国では、法令によって「農民の権利」が制限されている。知的財産権に関する法令（特許法と種苗法）は育種家により有利であり、保護された品種の種子を農民が保全・利用・交換・販売することは制限される。こうした規制は、種苗産業関係者や、オランダなど種苗産業が盛んな国の政府からは高く評価されている。知的財産権の充実を目指す種苗産業関係者や政府は、品種登録などを通じて保護された品種から採種した種子の農民による交換・販売には消極的である。

多くの農民やＮＧＯは、このような規制は種子を自由に保全・利用・交換・販売する慣行上の権利を侵害するとして、否定的に捉えている。異なる意見の調整を図る手段として、たとえばノルウェーのように、保護品種の種子を農民が保存・利用・交換することは許可するが、販売は許可しない国もある。インドでは、元の銘柄でない名前であれば、保護品種の農民への販売を許可している。

農民の権利を実現する責任は、食料・農業植物遺伝資源条約第９条によれば国の政府にある。そのためには、国レベルの法令・政策・戦略と計画を展開するための締約国会議からの支援、適切な運営組織の設立と実施方法の確立が必要とされている。

また、それぞれの国や地域の人びとが何を作り、食べるかを自分たちで決める権利は、「食料主権」と呼ばれる。それは、量的な食料の供給確保を主とする食料安全保障とは異なる概念である。この権利は、普遍的な法規範として国連でも認知されている「食料への権利」と密接につながる。

種子は歴史的に農家が各地で、自然・社会・環境に最適な遺伝的特性を持った品種を選抜してきた。したがって、持続可能な社会の発展のためには地域における管理が大切である。生物多様性保全の観点からも、こうした種子の管理(保全・利用)を各国・各地域で行う重要性が高まっている。世界的に、多国籍企業や大企業による専売的な種子事業が圧倒的な勢力を持つ中で、特定地域の農家や組織によって継続的に小規模に栽培されてきた伝統品種も少なからず現存する。

食料主権運動を推進している農民組織「ヴィア・カンペシーナ(Via Campesina)」は、食料主権をこう定義する。

「人びとが自分たちの食料・農業を定義する権利であり、持続可能な開発を実現するために国内(地域内 = domestic)の農業生産および貿易をよい状態にすること、どの程度の自律を保つかを決定すること、市場に生産物を投入することを制限することなどを含む」

彼らは、WTO・新自由主義体制に立ち向かう対抗運動と農地改革の実現に行動の重点を置いている。食料の確保を量の問題だけではなく質の問題と考え、また国家の責任や国レベルの問題ではなく、地域の農家や消費者自身の問題・基本的権利として捉える。今後のさまざまな行動につなげていくときに、食料主権が食料安全保障に代わる理念として使われると考えられる。

生物多様性条約やその他の条約は、国家による順守が期待されている。条約の内容は、加盟国政府が国内法に即して実施していく。住民に利益が衡平に配分される仕組みをつくるためには、各国の市民同士の横の連帯が欠かせない。ローカルな活動と同時に、国内法や制度の構築では横の連帯が有効だ。ここに非経済的な面での市民の役割があり、そのための必要な条件などを明らかにする調査を国際機関が実施する意味がある。

市民運動に関わる人びとにとっては、生物多様性が生命に関するものであるにもかかわらず、経済的な取引対象として扱われていることへの違和感がある。この違和感を共有する人たちが、自分たちは生命を扱っているのだと明示的に主張して行動していくべきだ。そのためにも、経済・非経済の二分化ではなく、多面的かつ総合的に価値を捉えるアプローチが必要とされる。

保管する種子などを備蓄、利用、交換、販売する農民の権利(農民の特権)

２０１０年にＦＡＯが行った調査[2]によると、「農場が自ら保管した種子及び繁殖性の材料を保存、利用、交換及び販売する一切の権利」(第９条３項、75ページ参照)に関する根本的な問題は、農民の特権と育種家の権利をどのようにして最適な形で均衡させるかであることが明らかにされている。一方では、農民が作物の遺伝的多様性の保全とその持続可能な利用にできるかぎり大きな貢献を続けられ、他方では、種苗産業が優良品種を提供し続けるのに必要な利益を確保する。その双方を可能にするための条件をどう整えるか。いずれも今後の食料安全保障に不可欠であり、一方が他方の犠牲になってはならない。

この調査は、ほとんどの先進国の法令が開発途上国よりも農民の権利を実質上大きく制限していることを示した。また、この調査によれば、種子を保存、利用、交換、販売する農民の権利を保証する適切な法令と規制の欠如が緊急課題である。在来品種と農民の品種、ならびに保護された品種をめぐって、農民の権利を制限する現在の動きは、作物の遺伝的多様性の圃場保全と持続可能な方法での利用促進に寄与する農民の能力にとって脅威であると見られている。この立場は、農民組織、NGO、開発途上国政府関係者の一部に共通であった。

一方、農民と社会全般のためには育種家の権利が強化されるべきであると主張する種苗産業代表者が少数いたという。種苗産業が出したポジションペーパー(見解を表す文書)の一つは、流通している種子の品質を確保するためには品種の移譲を制限し、種子配布の規制が必要であると論じている。

そして、大きな問題として指摘されているのは、種子を保存、利用、交換、販売する農民の権利に関して、農民自身が意思決定者となる認識が欠如していることである。そうした法令が制限的になればなるほど、作物の遺伝的な多様性を圃場で保全し、持続可能な方法での利用を促進する農民の能力を制限する。この点で、政府関係者だけでなく、市民・農民も含めた関係者の意識の喚起と能力の向上の推進が提言された。

3 日本における農民の権利に関する議論と多様な組織の活動

では、農民の権利や伝統的知識の保護を日本で議論する意義はどこにあるのだろうか。日本の食料自給率の低さが問題視されて久しい。また、世界全体で見た場合にも穀物高騰による政情不安など、食料安全保障をめぐる情勢は予断を許さない。

こうした状況の打開に関して生産面に限って議論すると、農業生産の面的拡大と生産性向上の二つの選択肢しかない。日本でも世界でも、すでに耕作可能地域のほとんどが耕地化されており、都市化の進行やこれ以上の森林減少が困難である状況を踏まえると、実際には生産性の向上がほぼ唯一の採りうる選択肢である。高投入による生産性向上が環境の持続性の側面から非現実的であることが明らかになりつつあるいま、多様性を利用した小規模な集約的農業の再評価が可能性を持つ選択肢と考えられる。

日本では第８章で紹介するように、広島県農業ジーンバンクが「種子の貸し出し事業」を実施し、一度は作られなくなった野菜（太田かぶなど）を地域の特産品として復活させた。長野県では、固定種として農家が自家採種を続けてきた作物をＦ１化し、民間種苗会社の協力を得て種子の供給が行われている。今後は、新しいシステムを創るのではなく、個々に始まっているこれらの小さな活動への官民の支援が必要であろう。

日本には大根、カブ、ナス、ウリ、漬菜類などの在来品種が多く、野菜のいわば二次多様性センターとなっている。2010年に名古屋市で開催された生物多様性条約第10回締約国会議に先立って発表された「生物多様性条約市民ネットワーク」のポジションペーパー（2010年9月公表）では、種子の大切さを次のように述べている（当時、日本は食料・農業植物遺伝資源条約に未加盟であった）。

「日本政府は、農業団体、環境団体および市民と協働して、農家や家庭菜園で自給する市民の自家採種は基本的生活基盤であるので、たねへの自由な関わりを将来にわたり保証すべきである。また、栽培植物の品種に関しては、生物多様性条約との比較において、多少なりとも多様性の守り手である農民の役割について明示的である食料・農業植物遺伝資源条約の批准を行うことを提言する」

実際に、作物遺伝資源としての種子を守る多様な組織が各地で育ちつつある。全国、都道府県、地域をそれぞれの活動範囲とするＮＰＯや財団法人である。全国規模の団体は各地に支部を持ち、種苗ネットワークによる種苗交換を展開してきた。都道府県レベルの団体も参加者のゆるやかなネットワークを形成し、生産者の支援を重視し、会員数を伸ばしている。地域レベルの団体は、集落営農組織や農家レストランとの協働によって農業の六次産業化を実現し、栽培・保全・利用のサイクルを確立している場合もある。これらの多様な市民が関わる組織のあり方は、ミクロレベルとマクロレベルをつなぐ組織制度構築に示唆を与えるであろう。

（１）本章で紹介した食料・農業植物遺伝資源条約の条文は、外務省による正式な日本語訳ではなく、日本の条約批准以前に使用されていた仮訳第５校（２００６年）である。正式な日本語訳では、farmerを「農業者」と翻訳しており、産業従事者としてのニュアンスを持つ。筆者は、仮訳で用いられていた「農民」のほうが文脈に即していると考えている。正式な日本語訳は、以下の外務省のＵＲＬからアクセス可能である。http://www.mofa.go.jp/mofaj/files/000003621.pdf

（２）本章で言及したＦＡＯによる調査は、以下の文書にまとめられている。「２０１０年農民の権利に関する世界協議――E-MAILによる調査結果」（原文：The 2010 Global Consultations on Farmers' Rights : Results from an Email-based Survey）。とくに、全体概要（Executive Summary）、第５章「農場に保管した種子および繁殖材料を備蓄、利用、交換、販売する農民の権利」（Rights of farmers to save, use, exchange and sell farm-saved seed and propagating material）、第６章「食料・農業のための作物遺伝資源に関する伝統的知識の保護」（Protection of traditional knowledge relevant to plant genetic resources for food and agriculture）。また、本調査を取りまとめたノルウェー・ナンセン研究所のレギーナ・アンダーセン氏の講演が２０１７年10月に京都・東京などで行われ、「農民の権利」に関する世界の動向が紹介された。

第5章　知的財産権の強化と多国籍企業による種子の囲い込み

1　種子市場の現状

種子法が扱っている内容は、種子システムから見ればフォーマルシステムにあたる。世界的には、開発途上国を中心にローカル（インフォーマル）システムによる種子供給が量的に重要な役割を果たしているとされる。ただし、インフォーマルであるがために、正確な数値的データは存在しない。一方フォーマルシステムについては、政府や国際機関がある程度把握可能なため、量的な面も推定されている。

世界全体の種子供給の経済規模は約3兆円（タキイ種苗）、370億ドル（4兆1000億円、農林水産省）〜426億ドル（4兆6000億円、International Seed Federation）などと推定される。その内訳は、穀物種子が2兆7400億円、野菜種子が約4000億円、草花種子が約400億円（タキイ種苗）。日本では、これまで主要作物の種子の生産・流通について国が責任を持ってきた歴史的背景から、民間種苗メーカーの品種開発・販売は野菜や花が中心である。

世界の種苗企業は大きく二つに分類できる。一つは、医薬・農薬・化学肥料の開発・製造を本業とする「バイオメジャー」と呼ばれる大手化学系多国籍企業。大豆・トウモロコシ・菜種など遺伝子組み換え品種を開発し、高いシェアを有する。もう一つは、化学薬品の製造は行わず、もっぱら品種育成と種苗生産・販売など種苗の研究開発を本業とする「種苗メーカー」。日本の主要な種苗企業であるタキイ種苗やサカタのタネは、これに該当する。

日本国内では、種苗産業はさらに四つに分けられる。

①多くの作目を網羅し、全国および海外展開する生産・卸売会社

②競争力のある特定品目は自社で育種・生産・販売を行い、他品目については仕入販売を行う中小生産・卸売会社

③育種や生産には携らず、地方で卸売や小売に特化する多くの会社

④育種に特化した会社や個人育種家、もっぱら受託採種を行う採種農家

種苗市場は、アジア・北米・ヨーロッパがほぼ四分の一ずつ、その他の地域が残り四分の一とみられる（表５－１）。日本企業は主にアジア市場への種子供

表５－１　種子市場上位10カ国の推定市場規模（2013年）

順位	国　名	市場規模（推定：億ドル）
1	アメリカ	120.0
2	中国	90.3
3	フランス	36.0
4	ブラジル	26.3
5	インド	20.0
6	日本	15.5
7	ドイツ	11.7
8	アルゼンチン	7.5
9	イタリア	7.2
10	オランダ	5.9

（出典）松浦武蔵「構造が激変したグローバル種子市場」『AFCフォーラム』2013年５月号より抜粋。

給を行っている（タキイ種苗ホームページ http://www.takii.co.jp/ 日本種苗協会グローバル・フード・バリューチェーン戦略検討会資料＝農林水産省ｗｅｂサイトより http://www.maff.go.jp/j/kokusai/kokkyo/food_value_chain/pdf/8_shubyou.pdf）。

種苗産業が扱う領域は、育種素材としての遺伝資源の確保、品種の育成、品種の知的財産権の保護、種子の生産、種子の販売に分けられる。遺伝資源は国家や国際機関が探索・収集してきたが、民間企業が独自の探索や各地域に存在する種苗企業の買収によって入手することも多い。フォーマルシステムにおいては、そうした遺伝資源を利用して品種育成が行われる。品種育成には基本的に三つのステップが存在する（育種の基礎については、たとえば池橋宏『植物と遺伝と育種』（養賢堂、１９９６年）などを参照）。

第一に、対象とする作物の変異を増大させる。現存する作物品種の多様性に求めることが昔から行われてきた。現在では、一般的には異なる個体の交雑や突然変異によって行われる。

第二に、得られた変異から目的とする形質を持つ個体を選抜する。方法は自殖・他殖・栄養繁殖など作物の繁殖方法によって異なる（詳細は省略）。

第三に、得られた系統の維持と種子（または生殖質）の増殖で、一般に種子生産の過程と重なる。したがって、品種の育成と種子の増殖・生産・供給は、農民にとって連続した一連の行為と理解できよう。この品種育成には、多くの技術と時間が投入されているため、その成果である新品種には知的財産権である品種登録や特許申請が行われる。

2 育成者の権利

種子と農業投資の関係を考えるとき必要な国際条約が、植物新品種保護条約だ(43～45ページ参照)。植物に知的財産権を付与し、最近では特許の付与も認められている。種子がお金を生み出す源泉であるシステムが構築されつつあり、これが種子法を廃止して種子生産を民間企業に開放しようとする理由のひとつである。

植物新品種保護条約には現在、新旧二つの条約(１９７８年条約と１９９１年条約)が併存している。新加盟国は１９９１年条約にしか加盟できない。ところが、１９７８年条約に加盟している国はそのままとどまることが許されている。両者の大きな違いは三つある(表５－２)。第一に、保護対象が限られた作目からすべての植物に広がった。第二に、権利の保護期間が延長された(最低15年以上から最低20年以上に)。第三に、特許との二重保護が認められた。

では、なぜ、二つの条約が並存しているのだろうか。１９９１年条約では、特許の考え方が大きく取り入れられ、育成者の権利の保護が著しく強化された。そのため、国によっては農家の自由を守るため、既存の１９７８年条約にとどまることを政策的に決定(たとえばノルウェー)したり、国内農業の投入資材を海外企業に占有されることを防ぐために加盟を保留(たとえばフィリピン)したりする国もあるからだ。

表5-2 1978年条約と1991年条約の比較

内　容	1978年条約 （締約国数18）	1991年条約 （締約国数56）	日本の特許の考え方（参考）
保護の対象	国家が定義した植物品種	すべての植物品種（締約後10年の猶予あり）	ものまたは発明
条件	区別性 均一性 安定性	新規性 区別性 均一性 安定性 適切な名称	新規性 進歩性 産業上の利用可能性
保護期間	最低15年 永年性作物は18年以上	最低20年 永年性作物は25年以上	17～20年
保護の範囲	生殖質（生殖細胞の中で、次世代に受け継がれる遺伝的要素）の商業的利用	品種のすべての部分の商業的利用	保護対象内容の商業的利用
例外	育種研究 農民の特権（自家採取など）	育種研究 農民の特権は各国に任せる（15条任意規定：日本はあり）	なし
二重保護の禁止	あり	なし	なし
地域にとってのメリット	手続きが比較的安価 地方品種も対象	手続きが比較的安価 地方品種も対象	知識を法的に保護可能 すべての国に適用可能
地域にとってのデメリット	加盟国のみ対象 条件を満たす証明が困難	加盟国のみ対象 条件を満たす証明が困難	期限が限定される 費用・法的専門知識が必要 個別的所有者を保護し、集合的所有者を対象としない

（出典）農林水産省ホームページなどをもとに筆者作成。

日本は１９８２年に１９７８年条約に加盟し、その後１９９１年条約の発効にともない、98年に１９９１年条約に移行した。国内法規である種苗法も、１９９１年条約の規定にあわせて改定されている。種苗法で定められた育成者の権利は、一義的には育成者権である品種登録制度によって守られるが、特許の重複申請を妨げてはいない。

品種登録とは、品種育成にかかるコスト（知識・技術・労力など）を認識し、第三者が育成された品種を増殖することから「育成者の権利」を守り、新品種の育成の促進を図るための制度である。一般的に、特許よりもゆるやかな制度となっている。だが、在来品種は品種登録に必要な区別性・均一性・安定性の三つの条件（44・45ページ参照）を満たすことが難しいうえに、仮に満たしたとしても栽培範囲が小さく、販売量も少ない。したがって、登録する経済的メリットが小さいので、登録されることは稀である。

特許は、植物体自体への知的財産権というよりは、品種育成の過程や技術も含められることに特徴がある。また、技術の開示と、その技術の反復可能性が要求される。つまり、公開された方法によって、特許の対象になったものが再生できなければならない。なお、登録品種であっても、新たな品種の育種素材としての利用（育種目的利用の例外）、農家が自分の圃場で利用するための採種（自家採種の例外）は、知的財産権による保護の適用外とされている。とくに前者は、遺伝資源の積極的利用の促進が、植物新品種保護条約や種苗法が共有する考え方であることに由来する。

3 化学企業による種子支配

モンサント社の論理

品種育成のプロセスを研究している立場から見ると、育成者の権利をモンサント社などが強調することは、歴史的に種子が公共財的な性質を持っていたことを考慮しても、ロジックとしては納得できる。種子(遺伝資源)が人類共有の財産であるとする立場からは、賛成しがたい主張であるが、開発した品種には多くの投資が行われており、その過程や成果物に特許を保有し、ロイヤリティ(対価)を取ることは、企業としては当然であろう。企業が持続的であるためには、今後の技術革新を促進する目的で、どこかから費用を回収しなければならない。

同時に、モンサント社が自家採種を禁止している方針に対する農家の批判も理解できる。ただし、この方針は遺伝子組み換え品種に限らない。自家採種している農家を企業が知的財産権侵害を理由に訴えるような争いのニュースに接する際は、関係者の事実関係をよく知る必要がある。意図的に対価を回避する農家がいたら、訴えるのは当然とも言える。モンサント社自身は、過失による混入に対して農家を訴えることはないと明言している。

モンサント社は、大多数の生産者は対価の支払いに納得しており、いかなるビジネスも製品対価が支払われなければ成立しない、と述べている。また、収益が減れば、研究開発に投資して農業生産者に役立つ新製品を生み出す力が損なわれる。対価を支払わずにモンサント社の製品を利用する人を見過ごすのは、契約を順守している農業生産者にとって不公平だというのが、同社の説明である。この見解は２０１０年に日本モンサントが公表し、17年8月にアクセスした時点でもＷｅｂサイト（日本モンサントによくある質問：http://www.monsantoglobal.com/global/jp/newsviews/pages/questions.aspx）に掲載されていた。

仮に、企業と農家・最終消費者が経済的・政治的、さらには情報へのアクセス能力において完全に対等であるなら、作物の種子が人類共有の財産であるという基本的概念とは衝突しても、企業活動への正当な報酬という面からは、品種開発に対する知的財産権の主張はある程度許容されるであろう。だが、実際には、少数の化学企業をバックグラウンドとする多国籍種苗企業が世界の市場シェアの多くの部分を占有している。農家の側に多くの選択肢がない状態では、そうした権利保護は圧倒的に企業に有利となってしまう。

加速する多国籍企業の市場占有

種子に関する多国籍企業の市場占有率は、１９９０年代後半から２０００年代初頭に大きく変化している。１９９６年には、世界の種子市場における売上高上位10企業のうち種子を本業としない企業は、スイスを本拠とするノバルティス社とアメリカを本拠地とするカーギル社のみ（表５－３）であった。日本のサカタのタネおよびタキイ種苗を含めて、残り8社は種苗を本

表５-３　1996年当時の主要種子企業

順位	企　業　名	売上高 (100万米ドル)
1	パイオニア(アメリカ)	1,721
2	ノバルティス(スイス)	991
3	リマグレイン(フランス)	552
4	アドファンタ(オランダ)	493
5	サカタのタネ(日本)	403
6	グルッポプルサ(メキシコ)	400
7	タキイ種苗(日本)	396
8	デカルプ(アメリカ)	388
9	KWS(ドイツ)	377
10	カーギル(アメリカ：非公開のため推定値)	300

(出典) 松浦武蔵「種子産業ー担い手の変化と市場の拡大ー」『戦略研究レポート』三井物産戦略研究所、2012年。

業とする企業である。その後、当時世界最大の種子企業であったパイオニア社が１９９９年にデュポン社の傘下に入ったのを皮切りに、当時4位だったアドファンタ社、８位のデカルプ社、10位のカーギル社の種子部門はモンサント社に吸収された。

農薬企業が種苗企業を買収した理由は、育種のための遺伝資源の囲い込みとともに、自社製品の農薬を種苗とセットで販売することによる収益の向上であった。遺伝子組み換え種子であっても、その遺伝的背景は既存の品種であり、育種を行うには遺伝資源を多く持つのが必須であることを、農薬企業は十分に承知していたわけである。種子市場に関する公式データはないため、少し古いものになるが、２００９年時点の世界の種子市場における主要企業の市場占有率は表５−４のとおりである。

その後も、種子を扱う多国籍企業の合併・買収は続く。農薬を生産する化学企業だけではなく、化学肥料企業や農業機械企業など、種子とパッケージにして販売が可能な農業投入財を生

表５-４　世界の主要種子企業の売上高（2015年）と市場占有率（2009年）

順位	企　業　名	売上高（100万米ドル）	市場占有率（2009年）	（参考）農薬売上高（100万米ドル）と順位（2010年）
1	モンサント（アメリカ）	10,243	26.6	2,892（5）
2	デュポン・パイオニア（アメリカ）	6,785	17.5	2,486（6）
3	シンジェンタ（スイス）	2,838	9.4	8,878（1）
4	ヴィルモラン=リマグラン（フランス）	1,706	5.0	
5	ランド・オ・レーク（アメリカ）	1,565		
6	ダウアグロ・サイエンス（アメリカ）	1,427	2.3	4.089（4）
7	KWS（ドイツ）	1,404		
8	バイエル（ドイツ）	1,389	2.6	
9	DLF トリフォリウム（デンマーク）	506		
10	サカタのタネ（日本）	457		

（注）出典の異なる資料からの数値を一つの表にしているため、元のデータおよび年次が同じではなく、正確な比較ではない。
（出典）'Summary and analysis of mergers between global seed companies'（"*Agronews*", 2017年5月1日）を中心に、ETCグループ、三井物産戦略研究所、久野秀二氏らの資料に基づき、筆者作成。

産・販売する企業が参入している。また、２０１６年から17年にかけて、中国を代表する巨大国有企業の中国化工集団（ケムチャイナ）が、スイスの農薬・種子大手のシンジェンタ社を４３０億ドル（約4兆７３００億円）で買収し、ドイツの医薬・農薬大手のバイエル社は、モンサント社を６６０億ドル（約7兆２６００億円）で買収、アメリカの化学企業ダウ・ケミカル社はデュポン社との合併を発表した。

　バイエル社によるモンサント社の買収を報じた『ハーバードビジネスレビュー』によると、２０１５年度の両社の年商はバイエル社

413億ドル(4兆1700億円)、モンサント社150億ドル(1兆5100億円)である。カナダで種子の企業による囲い込みを長く批判してきたNGOのETCグループは、シンジェンタ社の買収に対するコメントで、最新のデータとして(年度不明)バイエル、モンサント、ダウ・ケミカル、デュポン、BASF(ドイツ)、シンジェンタの6社で、農薬・化学市場において75%、種子市場は63%の市場占有率になっていると解説している。

関係国の独占禁止規定をクリアすれば、こうした買収は正式に認められ、種子市場の化学企業による寡占はますます加速する。一部企業による種子の独占、種子と農薬のセット販売というビジネスモデルは、企業による農民の支配につながる。それは市場の暴走と考えられ、食料主権の枠組みからは批判的に検討し、改善を提言していく必要がある。ただし、留意しなければならないのは、これら多国籍企業のシェアはフォーマルシステム内の話であることだ。ローカル(インフォーマル)システムを含めた世界の種子供給量全体から見れば、依然10%程度にとどまっていると考えられる。

アメリカに見る新たに予想される闘い——農家や消費者から離れていく制度

アメリカでは食品安全近代化法によって、農薬耐性遺伝子組み換え種子と農薬を組み合わせた農業やポストハーベスト農薬といった、多くの中・大規模農家が行う管理手段が、食品の安全確保(食中毒の原因となる種子の消毒や、流通過程の腐敗防止のための殺菌など)の観点から推奨されている。有機農家や小規模農家は、種子の管理を徹底しないと、生産物の販売を制限されることになりかねないという懸念もある。

現在のところ認められている小規模農家や小規模加工業者に対する適用除外規定がいつまで存続するかはわからず、小規模農家や有機農家が農業から締め出されるおそれがある。いまでこそ、世界の遺伝子組み換え作物の栽培は頭打ちになっているが、今後の動きには注意深く対応していく必要があると考えられる。

このような多国籍企業の攻勢に対して、とくに遺伝子組み換え品種に対する消費者側の動きも活発である。アメリカのカリフォルニア州やバーモント州など、消費者の食に対する意識の高い州では、遺伝子組み換え原料を用いた食品の表示義務が厳しく決められている。

たとえば、バーモント州の法律では、生鮮農産品は包装に「遺伝子組み換えによって生産された」とはっきり目立つように表示し、加工食品の場合は「部分的に遺伝子組み換えによって製造された」または「遺伝子組み換えによって製造された可能性がある」または「遺伝子組み換えによって製造された」と表示しなければならない。組み換え原料が入っている食品を、「ナチュラル」というような表現で販売することも禁止である。

食品表示に関して連邦レベルでは、多国籍企業によるロビーイングや、いわゆる「回転ドア」（企業の幹部と食品や農業の安全を監視する政府機関の間での頻繁な人事交流）の仕組みによって、企業側にきわめて有利な法制度が続いている。だが、地方分権が徹底しているため、各州での市民運動によって、モンサント社のビジネスモデルに対するある程度の規制はかけられる。さらに、ウォルマートをはじめとする大手小売店が、消費者の声を受けて、遺伝子組み換え食品の自主表示を行う動きもあり、注視していきたい。

4 モンサントビジネスモデルの種子市場支配と種子法廃止の背景の共通点

モンサント社がバイエル社の買収に応じた理由として、アメリカ国内におけるトウモロコシなどの他殖性植物の遺伝子組み換え種子市場の飽和による業績の停滞や、枯葉剤生産に関わった歴史に由来する欧州市場での不信感をぬぐう可能性などが挙げられている。実際にどのような背景があるかは、もう少し時間が経たないと情報入手が難しく、評価しがたい。

今後は、自殖性の穀物種子の遺伝子組み換え種子比率を上げていくことが企業の経営戦略の一つとなるであろう。実際、オーストラリアなどでは、遺伝子組み換え小麦の実用化が始まった。なお、日本の種子市場へのモンサント社などの進出を懸念する市民運動もあるが、すでにモンサント社は日本の稲種子市場に参入している。したがって、今回の種子法の廃止がモンサント社などの多国籍企業の日本進出に直接関係するとは考えにくい。

一方で、世界の種子市場を見渡すと、ひとつ確実なことがある。それは、ビル＆メリンダ・ゲイツ財団のような多国籍企業と関係の深い団体を通じて、アフリカなどの開発途上国における種子に関する知的財産権関連法律の整備を支援し、これまでローカル（インフォーマル）種子が主流だった地域においても、企業の生産した認証種子の販売が主流化することである。この新たに形成される膨大な市場にいち早く参入しようと、多国籍企業が凌ぎを削っている可能性は高い。

この市場への参入は、日本企業にとっても商機であり、とりわけアセアン諸国に向けた輸出振興を官民連携で行おうとしている。それは、日本の農業の特質である小規模農業・多品種少量生産とは相容れない農業競争力強化政策を推進する中で突如出てきた種子法廃止と、共通の考え方であるとも言えよう。国内市場の大きな伸びが期待できない中で、企業的農業のアジア市場への進出を経済成長の手段と考える現政権の偏った経済政策に基づく点で、多国籍企業の動きと共鳴している。

たとえばサカタのタネは売り上げの60％前後を海外市場に依存しており、今後も日本の種子企業の海外展開は大きく進むと考えられる。種子市場における民間企業の役割が増大する一方で、どの部分を公共の責任とするかが、いま問われている。農林水産省は、政権の方針と、農家や農協の不安との間で、急激な変化を避けようと、公共種子供給の継続性に努力すると関係者に説明している。だが、農業関係者の懸念が必ずしも払拭されたようには見えない。

第６章　品種と種子に関する日本の議論

１　品種の持つ意味

種子法廃止が話題になる中で、日本国内で農家が守ってきた在来品種・伝統品種の種子が海外に流出する危険を訴える声が少なからず見られた。ところが、なかには農業や作物についての十分な知識や経験なしに行われている議論も多く、混乱を招いている。第1章で、種子法が直接的には、農家自身が守ってきた種子とは関係なく、フォーマルな種子システムの中で種子の安定供給を国の役割として決めている法律であることを説明した。もちろん、稲・麦・大豆のみならず、品種や種子を農家が自発的に守ってきたことは歴史的に重要な事実であり、そのような努力の上に現代の農業は成り立っている。

国際的には、１９６０年代から種子の所有に関する議論が盛んに行われており、食料・農業植物遺伝資源条約関係の会議では、常に先進国と開発途上国、企業と小農などの対立が見られてきた。実際に、緑の革命を中心とした農業・農村の近代化が起こした社会的課題に対する指摘は、品種改良の考え方や方法から、それを取り巻く社会・経済的環境まで多岐にわたる。専門的育種家による品種育成の考え方そのものの問題も指摘された。たとえば、広域適応性を持つ品種の育成という品種技術の方向性自体を疑ってかかる必要があるという考えである。

こうした議論を正確に行うには、種子のシステムを理解する単位としての品種の持つ意味について考える必要が生じる。また、誰が種子を所有するのかという議論、品種育成の主体者は誰かという問題も、扱わなければならない。

残念ながら、日本ではごく一部の研究者や活動家を除いて、このような議論はほとんど行われてこなかった。そこで、本章では、日本の農業・農村の近代化について疑問を提起してきた論者を中心に、農民の主体性を念頭に置いた論者たちが種子・品種についてどのような議論をしてきたかを概観していく。古い文献もあり、またそれぞれの論者の思いがこめられているため、できるだけ原文の引用を含めていきたい。

2　農家は品種や種子をどのように考えてきたか

品種と風土

日本は南北に長く、地形も複雑であることから、とくに蔬菜類の品種が多様であった。その農業生態系に注目して、品種と風土の関係に言及した研究者は多い。

たとえば、稲の育種の第一線で活躍した菅洋氏（『育種の原点――バイテク時代に問う』農山漁村文化協会、1987年）は、在来野菜の品種についての考察で、元来野菜の特産品は、地域の狭い風土の気象・土壌条件のもとで育まれ、そこに適地を見出した遺伝子型を持つもので、適地がきわめて限られているであろうと述べている。そして、そのような適地において、特性をもっとも発揮できる加工法や料理法が発達し、品種が単なる農業の投入財ではなく、その地域に暮らす人たちが生活を営む際に不可欠の要素として生活文化複合の一部をなすようになったという。

これは、中尾佐助氏が提起した「作物の特性は人間の口に入るところまでを議論して初めて完結する」という考え方と共通する（中尾佐助『栽培植物と農耕の起源』岩波書店、1966年）。品種は、栽培される地域、風土、生活、習慣と密接に結びついて、一つの地域文化を形成する大切な要素となっており、同じ作物種の違った品種では、本当の意味では代替できないと考えられる。そのような品種を探し、決めるのは農家自身の目であることも指摘されている。

「（在来品種は）特定の風土のもとで生産消費されてきたので、採種も業者に依存せず、自家採種されることも多かった。したがって、その地域における生活と特別に不調和を生じることがないかぎり、品種の純粋性や経済性が、特別に追求されることはあまりなかったので、その風土に順応している範囲内では、意外と多様性を保持していた。このように、栽培範囲が狭いという点では限定的だが、そのなかでは思ったよりも多様性を保存しながら適応し定着していたと言えるのである」（菅洋『育種の原点』12～13ページ）

「農家の側では、お仕着せの品種ではなく、地域の風土に適した、さらに、自分の田にあった品種を自分の目で探そう。つきつめていえば、自家品種が必要なのである」（津野幸人『小農本論――誰が地球を守ったか』農山漁村文化協会、１９９１年、67ページ）

風土の中で築き上げられてきた品種の多様性は、近代育種の導入によって豊かになった面もあるが、世界的にはハイブリッドトウモロコシの栽培、日本では稲のコシヒカリやその類縁品種など（第7章参照）、特定の品種への集中が起こった場合もある。近代育種を通じて遺伝資源は、本来存在した地域とは異なる地域で利用されることになり、もともと利用されていた地域には存在しなかった病害虫の被害を受けるなどの問題も引き起こしている。

また、生態学的には、地域に必ずしも順応していない品種が導入され、生産のために多量の水、肥料、エネルギーの投入が必要になる場合が多い。政治経済面では、資源がその場所で利用されないことにともない、資源から得られた利益が資源の存在した場所に還元されないことが問題視されている。一方で、農家にとっては、当該遺伝子が農家の圃場から持ち出されても、自分が使用する権利を失うわけでも種子そのものを失うわけでもない。とはいえ、その種子に対する利用機会としての権利の一部は失われる。

このように、近代育種が品種－栽培技術－食物という連鎖からなる生活文化の関係を絶ち切ってきたことに対する反省が各所に見られ、先に整理したほかにも、農民の参加による遺伝資源の保全と利用の事例が多く報告されている。資源の利用にあたっては、その資源の存在する地域に住み、日常的にその資源を利用している住民がもっとも豊富で的確な知識を持っており、そうしたものの見方はその地域において人間が植物に働きかけ、植物が人間に応えてきた歴史の上に成り立っているという考え方である。

人間と植物の相互依存

風土論とも関係するが、先に紹介した菅氏以外にも、育種研究者自身が品種育成を人間と植物の相互依存関係の現れとして描いた表現がたくさんある。

藤本文弘氏（『生物多様性と農業――進化と育種、そして人間を地域からとらえる』農山漁村文化協会、１９９９年）は、ヨーロッパにおける農業革命を評価する中で、農業における省力と収量増のために農業以外の経済活動からの資材に頼り、生物が築き上げてきた独自性、生態系の中でさまざまな生物が果たしてきた相互関係の発展、自らの存在を他の物質に依存しない自律性と多様性の展開から農業が離れてきたことの問題を指摘する。そして、ヨーロッパやアメリカなど元来植物遺伝資源が豊富でなかった地域が、それゆえに積極的に遺伝資源の収集利用に取り組んだとしている。

農業関係者が注目している低投入持続型農業についても、生産性を持続させるという技術面のみならず、人間と生物の相互依存関係が持続的であることが基本であるという意識を持つ重要性を指摘した。これは、育種研究者が、その生物との関係性の中で体験的に開発のパラダイムの転換を行ったものと考えられる。

そのほか育種の考え方についての総合的な考察に、国際農業研究機関で長くキャッサバの育種に携わった河野和男氏(『〝自殺する種子〟――遺伝資源は誰のもの？』新思索社、2002年)による論考に触れておきたい。

彼は育種の考え方を還元論的立場と全体論的立場に分け、前者は育種目標としての収量増加はその構成する個々の要素の把握によって実現されると考え、後者は育種は農家の選択肢を豊かにすることが目的であると捉える。そして、収量や適応性(の遺伝的要因)を直接測ることは困難だが、農家にとってはそれ自体がひとつの実体であり、多数の遺伝子が影響しているであろう収量という形質そのものを直接選抜の対象とすることによって育種本来の目的が達成されると考える。育種研究者自身が社会的位置付けと責任に深く言及した論考である。

種子の所有についても「遺伝資源は人類共有の文化遺産である」「育種をする人間はその文化遺産のお世話をさせていただいている」という考え方を明確に出し、その主張を育種研究者たちが目にする科学雑誌“*Crop Science*”に掲載していることにも注目したい。

もっとも、品種改良を植物の力を植物自身が発揮するのを、ほんの少しお手伝いする、植物にとっては従属的な過程であるという解釈もされている（守田志郎『農業は農業である——近代化論の策略』農山漁村文化協会、１９８７年）。

「還元論者は関連するすべての病害虫の個々についての独立の選抜を行い、抵抗性の遺伝子を積み上げる方式をとるが、全体論者ははじめから個々の病害に重きを置かず、病害多発地で収量を尺度とする圃場の選抜の積み重ねによって、収量と病害抵抗性をいっしょにした総合的形質として選抜を進める。

実証科学の進歩はほとんど還元的手法によってもたらされてきたとされ、生物学の進歩もＤＮＡや遺伝子に代表される優れて還元的な要素によるところが多い。育種を進めるときにも、還元的立場をとるといかにも科学的にものを進めている感覚も外観も得られ、論文も生産しやすい。一方、全体論的立場をとると、個々の作業が科学的な外観をともなわず、従事している者も田舎者に見える。しかし、全体論的手法をばかにできない。現在でも世界の重要作物品種を支えているのは、過去の優秀な在来品種からの遺伝子源（原文ママ）であり、それはいわば全体論的な作業の繰り返しで生み出されてきたものなのである」（河野和男『自殺する種子』２５８～２５９ページ）

「自然の営為としての種の分化は時間がかかり過ぎるために、人為的に時間を短縮し、種の分化を能率的に導き、特異な形質を選択するのが育種の本質である」（津野幸人『小農本論』58

ページ）

利用の仕方によって変わる品種の認識

農作物が人間の口に入ることを考えると、その食べ方、具体的には加工の度合いによって、私たちの品種に対する考え方が変わることも当然であろう。すなわち、果実のようにそのまま食べる農作物は消費者も品種の違いを明確に認識しており、生産から消費まで一貫して作物に品種概念がついてくる。しかし、小麦のように製粉して使用する作物に関しては、消費者が品種の違いを認識することは困難であり、品種名や品種の特色を認識するのは加工業者の段階までと考えられる。

いま、種子法の廃止でブランド品種がなくなるという懸念がマスコミなどで報道されているが、実際にどうなるかは、生産者・消費者の品種認識についての丁寧な分析が必要と考えられる。ただ、種子について考える際に、日本人にとってもっとも重要な米とそのほかの食べ物とでは認識が異なる可能性があることを育種家自身が指摘した次の文章は興味深い。

「主食となる禾穀類は、野菜や果樹とちがって加工して消費される場合が多いので、もともとは消費者にとっては、それを消費するとき、意識の下に作物と品種名がつねに一対一の対応をなしているようなものではないほうが多い。その最も著しいのはコムギの場合などで、菓子、パン、うどんなどに加工されて消費するとき、消費者には品種の概念はまったくゼロといってもよいものである。それが意識されるのは、加工業者の段階であろうが、加工業者さえも、品種を明確にした対応というよりは、目的とする加工性をもった品種群のようなもので、それはそのような品種群を産する産地銘柄のようなもので代表されている場合が多い。

一方、果樹のようなものの場合、品種の概念は消費者の段階でもかなり明確に浸透してくる。消費者はリンゴならなんでもよいのではなくて、ふじとかスターキングとかゴールデンデリシャスとかむつとかいった品種名と一対一の対応をしている果実の色、形、大きさ、酸味、甘味、芳香などの形質が意識にあって、その品種をはっきりと求める場合が多い。

日本の主食の米の場合、加工度がコムギのような段階まで及んでいないから、消費者の品種に対する関心度というのは上にあげたコムギとリンゴのちょうど中間あたりに位置するといえよう」(菅洋『育種の原点』63～64ページ)

稲の多様な品種の重要性

日本の多くの地域における農業生態系から見て、稲の品種に多様性があることが農家にとって選択の余地を広げる重要な意味を持つことが指摘されている。他の作物の場合は、同じ圃場で異なる作物の選択も可能であるが、一般的な水田の夏作では、農家の選択は稲という単一の作物の中での品種に限られたとの指摘は、日本の農業近代化の過程において覚えておくべきものである。現在は、減反と転作により、水田の夏作は必ずしも稲だけとは限らないため、大豆や麦との関係、さらには景観作物との関係も検討が必要ではある。

「種、つまり品種のことは、ほかの作物でも同じことで、稲に限ったことではない。だが、私にはやはり稲の品種の「自由」ということがとくに気になるのである。その理由は、一口にいってこういうことである」

「田んぼでは夏作では、稲以外の作物を植えないのがふつうだから、である。つまり、田んぼの夏作では作物を選ぶ自由が失われているからである」

「同じ作物を、何年もくり返し同じところにつくり返せば土は悪くなる。これは徳川時代からいわれている農家の農法の常識である。だから、稲という同じ作物を同じ田につくりつづけるというのであれば、何とかして品種をあれこれと選ぶ自由がほしいし、品種の子や孫を育てて新たに仲間入りをさせることがごく自然の祖先の知恵として湧いてきたのだと思う」（守田志郎『農業にとって進歩とは』農山漁村文化協会、１９７８年、１２４～１２５ページ）

採種の場所を考える

日本で流通している野菜の種子のほとんどが海外生産であることを憂える議論も多い。では、海外での採種は、本当にいけないことなのであろうか。種子の生産と安定供給だけを考えるのであれば、採種の条件に適した海外での種子生産が合理的である場合もあろう。以下の紹介は、あくまで国内の種子生産地域であるが、たとえ種子が播かれる地域から離れたところの採種であっても、採種場所が作物の生育や登熟に適しており、病虫害も少ない場合は、合理的と考えられる。

「ある作物において、「たね場」あるいは「本場」として知られた土地で採種した種子は、それを用いて栽培すればよい収穫が得られるとして、昔からよくいわれてきたことである。「たね場」が成り立つ最大の理由は、おそらく、その作物の種子の発育、登熟にとって最もよい気象条件が平均して得られる土地であるかどうかということになろう。また、「たね場」として知られる土地は、病虫害も一般に少なく、他の品種が作られる比率も少ないので、自然交雑などによってその品種本来の特性が失われる比率も少ないものであろう。（中略）飛騨の高山で作った糯は腰が強いといわれるが、二〜三年自家採種を行うと腰が抜けるといわれる。飛騨の高山で作った糯は腰が強いというのであれば理解できるが、そこから種子を取り寄せると、一〜二年間は腰が強いというのは、栽培している人には何の不思議もないのかもしれないが、遺伝学を学んだものには不幸にして説明がつかない、と安田貞雄（『種子生産学』養賢堂、１９４８年）は書いている」（菅洋『育種の原点』１５５〜１５６ページ）

品種選択における農民の役割とその主体性

農業経済学者で農林省の役人でもあった守田志郎氏は、農業が他の産業とは異なることをさまざまな観点から議論し、農業の発展のあり方について深い考察を多く残した。なかでも、品種に関しては農家の主体性に注目している。すなわち、品種育成の技術的議論や、種子生産の場所の問題などではなく、誰が品種育成や種子生産の意思決定を行うことができるかという議論である。国際的な農民の権利議論とはまったく別個に、農家による品種育成の歴史と役割、主体性についての論考が日本国内の行政官出身者によって行われていたことに注目したい。とくに重要なのは、万能の品種があるわけではないのだから、状況に合わせて臨機応変に農家は品種を選んでいるのではないか、という指摘である。

さらに、雑穀の場合には、祭りでの利用や歳時記との関連など地域の文化と不可分な関係であったことを民俗学者の増田昭子氏が指摘し、種子が地域で生産される意味を狭義の農学とは異なる側面から評価している。

「だが、もしそういう完全無欠の品種があるとすれば何も誰かが上から統一の号令をかけなくたって農家がそれを選んで行くにちがいない。事実、昭和のはじめに「神力」を駆逐して西日本の稲作を席巻した品種「旭」は、私の集計したところによれば東海、近畿、四国、九州という広い地域にわたって実に50パーセント以上というおどろくほどの普及を示した。これは誇張ではなく空前絶後のことである。当時の大阪米穀取引市場に関係していた老人が、「旭」以外の品種を市場で見ることはむずかしかったと語ってくれたことがあり、これも決して年寄りによくある誇張の一種とはうけとれなかった。

一体だれがそのような統制の号令をかけそれほど有効な指導をしたのか。もちろん、誰も…、である。まちがいなく、米を作る農家が自ら選んだのである。農家の生活の当時を考えるならば、苦しい事情の中でのことであったにちがいないが、「おれも来年はそれにしよう」ののどかさをうかがうことができたと想像するのである」（守田志郎『農業は農業である』78ページ）

（筆者注：東北からの出稼ぎ列車の中での農家の会話で、その年の稲の出来ばえや来年の品種に関する情報を交換していることを紹介した後の解説として）

「もっとも、西の「旭」にしたところであの高い普及率は10年とは続いていない点がおもしろい。これは絶対だ、という品種は要するになかったのである」（『農業は農業である』79ページ）

（筆者注：陸羽１３２号を東日本の事例として紹介した後で）

「だが祖先が育てた稲の血の中には、子孫としての農家の人たちにとって、田に稲をつくるについて大切な何かがこめられているように思われてならないのである。祖先の血が自分の中につづいている。そして、目の前の田に育つ稲には祖先が育てた稲の血が確実につづいている。もちろんあとのほうの祖先は誰それという個人の祖先ではなく、農家みんなの祖先である。そしていまでは、あの血とこの血と、試験場や大学の圃場で混ぜ合わせるにまかせている」（守田

志郎『農業にとって進歩とは』１２１〜１２２ページ）

「品種づくりだけが農法のきめ手だというわけではないのだが、品種をつくり、品種を選び、あるいは品種を交換し合うということについて、農家の人たちが自分たちの考えや相談によってすすめていくことができる状態になっていればこそ、あの田この田、あの畑この畑、そしてあの山やこの草地など、いろいろな組み合わせで自分たちの納得のいく作付けや家畜飼育や養蚕や堆肥づくりの農業ができるというものだと思う」（『農業にとって進歩とは』１２３ページ）

「風土適応を目的とした交雑育種においても、商品価値が無視されているわけではない。農家がうまいと思う米は、誰が食べてもおいしいのである。

交雑育種には莫大な資本と組織集団を必要とするが、現有品種のなかからの変り種の発見は、自然のなせる業にまかせているのであるから、資本を全然必要としない。そこに、それを欲する人間の目と手があればよい。ここが根本的な相違点である。風土適応品種の発見は、官僚の手を借りないでも、誰でもが実行できるのだ」（津野幸人『小農本論』62ページ）

「実際、農家の人たちは、翌年の種子を種子屋から買う場合もあったが、自分の栽培した畑のなかでよく稔った穂を選び、保管して翌年の種子にした。それだけでなく、近隣の農地によく稔った穀物があればそれをもらったり、旅先でよい種子を見つければもらい受けたりして、翌年、その種を播いた。自分の栽培した作物から種子を採ることは自家採種というが、自家採種を数年繰り返して播種すると、種子の劣化により、収穫物が小さくなったり、減少したりする。それを防ぐために、いろいろな手段で種子をもらい、更新していくものである。こうした農家の人たちの意識が神様から種子を授けてもらったり、神様の前で交換したりする儀礼を生み出した。（中略）紹介した麦の種子の伝播譚が弘法太子や民間信仰者・寺院と関係しているのは、神でなく仏であるが、種子の神聖性を基底にした伝承だからである。（増田昭子『雑穀を旅する――スローフードの原点』吉川弘文館、２００７年、１８７ページ）

「波柴家（筆者注：岩手県で雑穀の自家採種をしている農家：糯粟・黍（きび）・稗（ひえ）・アマランサスを採種している）のような篤農家は何年経っても自分で栽培した種子を保存している。ほしい人がいれば分けて上げるのが当たり前に行われている。そして、稔りの時期がくると、どのように稔ったか気にかけ、実際に見ていくのである。雑穀とは限らず、野菜などの種子も各地で聞くと在来の品種を保存している農家は多い。麦やトウモロコシなどの新しく入ってきた種子を播いて栽培しても、味がちがっておいしくない、というのである。それで保存しておいた在来の種子を取り出し、また栽培を開始するのである。

長年、栽培を続けてきた在来の種子を、栽培を止めても保存しておくのは、その作物がおいしいから、あるいはたくさん収穫できるから、寒さに強く、害虫に強いから、といったとても具体的な作物の持つ特性を農家の人が認識し、それゆえに種子の保存を行ってきたのであろう。ここには、本章で述べた「権力に収斂された種子」（筆者注：河野和男『自殺する種子』を引用して、種子製造会社がバイオテクノロジーの技術を使って二年目の発芽能力を奪ったもの、と議論しているが、論旨は曖昧）の問題は存在せず、農家の意志といおうか、農家の論理が存在するのである。

まだまだ雑穀だけではなく、在来の品種の種子を保存している農家は多く存在するだろう。そして、その保存を可能にしてきたのは、地域に育成した栽培作物のよさであろう。それは長い歴史のなかで育まれてきた種子の力そのものといえるだろう。今からでも遅くない。雑穀はもちろんであるが、在来作物の種子の保存に注目していきたいと思う」（『雑穀を旅する』２０６～２０７ページ）

３　品種供給の公的役割

公的機関の役割の積極的評価

ここまでの議論で強調されているのは、品種を作ってきたのは農家であり、その種子を守ってきたのも農家であるという点だ。しかし、官僚であった守田氏は、種子法を特別に意識したわけではないだろうが、農家が品種を選び替える際に必要な素材を提供することが公的な立場にある者の役割であると述べている。種子法の存在が間接的に都道府県の品種開発努力を促し、多くの品種が供給されてきた事実と照らし合わせても、この守田氏のような考え方は、公的機関の役割を積極的に評価する論として注目できる。

また、先に紹介した河野氏は、公共の役割との関係で、育種技術の知的財産権による囲い込みに対して、自らの育種研究者としての経験から、知的財産権の乱用は結局は農家や消費者の不利益につながることを具体的に論じている。

「よい品種は農民が選ぶ。そしてたえず選びかえる。そのことをくり返す・選びかえるには事情があってのこと。選びかえる事情が起こったとき、選びかえる判断に必要な素材を指導的な立場にあるといわれる人が与えることができるならば、彼のつとめも充分に果たしおおせたと思えばよい」(守田志郎『農業は農業である』81～82ページ)

「技術そのものにパテントを設定すると、大企業側が商業ベースにのらないという理由で扱わない大麦、キャッサバといった重要作物の育種を、国際研究機関や各国研究機関がそのパテントが妨げとなり、必要なすべての技術を使用して行うことができない事態も生み出す。つまり、公的機関の研究者は必要な技術と知識を持っていても、それらを駆使できる法的自由を持たず、一方、企業側の研究者は技術を使用する法的自由はあっても商業的見返りが期待できないのでせっかくある技術を使わないという事態である。どちらに転んでも一番割を食うのは、最も優れた品種を手に入れられない農業生産の現場であり、消費者である」(河野和男『自殺する種子』282ページ)

国や府県が主導する品種誘導に対する批判

一方で、農家の立場や自主性を重視する立場からは、国の主導による品種の誘導に疑問が投げかけられている。すなわち、農家が品種を選んでいるのではなく、流通の都合を中心とした農政が品種誘導しているという鋭い批判である。現代的に解釈するならば、農民の権利や食料主権の考え方を、自らが村を歩き、農民と話した経験から表現したものと考えられる。農民の権利としての自家採種や種子の交換、地域内の増殖の重要性を再確認しており、種子のシステムの観点から見ると、過度なフォーマルシステムへの依存に対する異議申し立てとも見とれる。

守田氏も、近代育種によって農業は進歩したのではなく、国家統制による品種統一の中で農家と品種の関わりが消えていったと指摘。品種づくりと品種選びの自由を農民・集落が取り返すことによって、たくさんの種類や品種の作物の栽培が可能となり、循環型農業となると述べる。育種を農民が取り戻すというパラダイムの転換、あるいは先祖返りが指摘されている。

「さて、おくての種が部落や村になくなったということで、祖先が育て残したおくての血がどこかになくなってしまったことにいま気づく。もちろんいろいろの体験の繰り返しによって、この品種はもうやめにしたほうがよいということもあろう。農家の人が自分の意志と考えでおくてをやめにしたというならば、それもわかる。だが、はたしてそうだったのだろうか。

早期供出、時期別格差奨励金、ライスセンターやカントリーエレベーター、自主流通米・指定銘柄別検査方法、農業倉庫の保管料かせぎ、出稼ぎや離農などのいろいろの組み合わせ、つまり一口でいえば農政が強力にすすめてきたことの結果としておくてなどつくってはいられないようになってしまい、おくてを捨ててしまったのではなかろうか。

そんなふうにして、農耕の外部のものの力で祖先の残したイネの血を捨ててしまったのだとすれば、少々残念に思われてくる」（守田志郎『農業にとって進歩とは』１２０ページ）

「よそのもの、つまり部落や村の外で、しかも農業を自分でやっていないものが、稲の「種」の使い方や選び方に口を出し統制したり規制したりして、それを農家のかたも応じるようになれば、部落の農法的な循環の複雑ないとなみは、流れが悪くなり、噛みあわせがうまくいかなくなってしまう。

品種づくり、品種選びは、部落のみんなのことであり、外からワクをはめられるべきことではない。そういう意味で「自由」でなくてはならない」（『農業にとって進歩とは』１２４ページ）

「ひるがえって、現在、各府県で奨励されている銘柄米なるものを点検してみよう。すべてが市場の要求に応えたものであって、風土適応性に対する配慮は片隅に追いやられている。商品作物としての米と自給作物としての米、の差異を経済学者は指摘されるであろうが、コシヒカリのように病虫害に弱く、倒伏しやすい品種を泣き泣き作っている現実を直視してほしい」（津野幸人『小農本論』67ページ）（筆者注：このような極端な事例は現在はほとんどないと考えられ

るが、奨励品種や普及制度の中で、農家が品種を自主的・自律的に選べていないという状況は現在も変わらないと考える）

「自家品種の開発の必要は、なにも米に限ったものではなく、あらゆる農産物に通じるものである。自家品種によって安全な食料を造る行為は、農薬によって蝕まれた心の傷を癒し、自分の行為が他人のためになるという、農業本来の喜びをもたらすものである」（『小農本論』67ページ）

種子法のシステムを直接的に批判した次の文章も、農民の権利の視点から謙虚に聞く必要があろう。

「農林省当局はここで農家へのより実際的な品種統制の体制を考え出した。（中略）雑種育種法をてこに農家を組織して、この体系の下におかれた農家は自分の家の田に植える稲の種をいつもこの組織（筆者注：県の試験場や穀物改良協会など）に依存しなければならないような立場におかれてしまうということである。つまり、品種のことを自分で考えたり、自分ですすんで改良したりするような主体性を農家がなくしていくような仕組みである」（『農業にとって進歩とは』113～114ページ）

農家の市場への適応

しかしながら、農家は市場の動きに敏感であり、農家が選んでいるとしても、市場の影響を強く受けていることは否めない。これを農家の主体性の消失とする意見も多い。だが、現場からは、農家が市場に合わせて特徴の異なる品種や系統を選んだり取り込まれたりするこうした適応を、農家の主体性として肯定的に捉えた考えもあり、実際そのようにして多様性が守られている場合もある。それは伝統野菜の保全に見られる。

「実はこの品種内の系統分化には現代の社会的背景が深く関係している。もともと王滝蕪も多くの在来品種同様に、そのほとんどが自家用として利用されてきた。しかし、近年になってにわかに広まった甘酢漬けへの加工適性に優れていたため、漬物業者が王滝蕪を買い付けるようになっていった。村役場や農協などがある村の中心地区は、人や物や情報が集まりやすい環境になっていることから、この地区の栽培者へ出荷の話が入るようになり、やがて次第に早期出荷の要望も強く生じるようになっていった。

栽培者は要請に応えるべく、早く根径が大きくなる個体、すなわち、早生性をもつ個体を好むようになり、自家採種用の交配母本もできるだけ早生のものを選抜するようになった。これを幾年も繰り返すことによって、これまでより扁平な個体の多い系統へと変化していった。出荷する生産者の多い中心部とその周辺地区では他地区より明らかに扁平になっている」(大井美知男・市川健夫『地域を照らす伝統作物――信州の伝統野菜・穀物と山の幸』川辺書林、2011年、57ページ)(筆者注:青葉高氏による社会的・文化的要因(生態的要因ではなく)による蕪の分類

と地理的分布への影響の大きさの指摘を参照している)

４ 品種開発を通して考える地域発展と人類の将来

品種と風土の関係は、小農の役割が見直されている現代において、持続可能な地域開発を考える枠組みとして活用できる可能性がある。地域で作物品種を資源として活用し、その価値を引き出すためには、農家や村落レベルにおける管理が望ましい。

しかし、実際にはそうしたローカルなアクターのみで持続可能なシステムを構築することは非常に困難である。最近では、消費者との連携や、市民組織同士のネットワークのような水平的協力、中央・地方政府と研究機関や国際機関との垂直的な協力の中での持続的な資源利用のシステム構築が世界的に行われつつある。日本でも、そうした枠組みの発展が期待される。

地域のアメニティ(あるべきところにあるものという意味。たとえば、田んぼの泥は田んぼにあると作物を支える重要なものだが、室内に持って入ると汚れのもとになる。田んぼにある泥はアメニティ)である生物資源の多くは非移転性という性質を持ち、地域の多様な関係者のネットワークや信頼関係というソーシャルキャピタルとも不可分である。そうした個別性を踏まえた開発は、地域固有の資源を、地域の住民がコミュニティとして、明示的な参加ではなくとも、地域固有の社会的な方法で持続的に使用できる。それは、人間と自然、人間同士の関係を発展させていく作法の成立を目指すものであろう。

農業経済学者の守友裕一氏は、「地域が個性的で固有の特性を持ち、その特色を発揮することによって、(日本や世界の)豊かさへつながる」(『内発的発展の道』農山漁村文化協会、1991年)と述べる。社会学者の鶴見和子氏の「目標は人類共通であるが、達成の経路と達成する社会モデルは多様」(「内発的発展論の系譜」鶴見和子・川田侃編『内発的発展論』東京大学出版会、1989年)という内発的発展は、このような農民自身の参加によってこそ実現されよう。そのためには、開発は生産性の向上など結果を量的に評価するだけではなく、プロセスが重要である。また、地域の当事者と外部の関係者も含めた多様な関係者の参加の仕方の変化を評価する方法の確立が必要である。

鶴見氏は、地球上すべての人びとや集団が衣食住の基本的要求を満たされ、人間としての可能性を十分に発現できる条件を満たすことを、内発的発展の目標としている。開発における作物品種の意味付けを再度行い、農民や地域の住民がその価値を自らの方法で取り出すことができることが、そのような社会の実現であると考えられよう。

ところで、種子が農業にとってだけでなく、国家としての安全保障においても大切な資源であるという認識が、日本で広く議論された最初の文献は、NHK取材班による『日本の条件7 食糧2 一粒の種子が世界を変える』(日本放送出版協会、1982年)であろう。1981〜82年に特別取材班がその時点での種子に関する世界の状況について取材して番組をつくり、書籍として遺した。取材の目的は、こう説明されている。

「未来の食糧問題の鍵を握る作物の種子に焦点をあて、種子をめぐる世界に何が起こっているのかを描き、日本人にとって、人類にとっていかに重要かを検証した」

翻訳書では、栽培植物起源学の泰斗・田中正武氏が監修したパット・ムーニー氏の著作『種子は誰のもの――地球の遺伝資源を考える』がある（木原記念横浜生命科学振興財団訳、八坂書房、１９９１年）。「種子は人類共有の財産であり、私物ではない」という著者からのメッセージが強く出た本で、注目すべきは当時の農林水産省種苗課審査官が翻訳していることだ。しかも、名前まで出していることは興味深い。彼は、ムーニー氏の考え方に共鳴していたと考えられる。

第7章　種子法に支えられた素敵な品種たちの誕生物語

日本で国や都道府県に農業試験場（旧農事試験場）が設置され、稲や麦の品種育成が始められたのは、明治時代後半の1890年代である。それ以前の品種改良の担い手は、農家自身であった。稲であれば、葉や茎の色、穂の出る時期や籾の色などを見分けて、集団の中の多様な個体から自分たちが作りたいものを選んで品種としていったわけである。奈良時代にはすでに品種の概念が成立していたことが、種籾の送付状に付けられた名札の存在からわかっている。

1900年のメンデルの遺伝の法則の再発見以降は、異なる品種を交配して多様性を増大させるとともに、両親の持つ優れた形質を併せ持つ品種の選抜を行う交雑育種が行われるようになった。1927年には、国が全国的な育種体制を構築。全国を異なる生態区に分け、それぞれの地域の中心となる道県の試験場を指定試験地として地域ごとの育種を推進し、2011年に廃止されるまで、品種育成体制の根幹を担ってきた。廃止以降は、各都道府県の単独事業による育種へと変化した。

本章では、このような品種育成の歴史の中で、とくに物語性を持つ品種を取り上げ、種子法が支えてきたソフト面でのインフラとしての重要さを再確認したい。

表７−１　稲の栽培品種割合の変化（1960〜2015年）

	1位	2位	3位	4位	5位	その他
1960年	金南風 5.1%	農林18号 3.6%	トワダ 3.5%	ササシグレ 3.2%	農林29号 2.8%	81.8%
1980年	コシヒカリ 14.3%	日本晴 12.9%	ササニシキ 8.4%	アキヒカリ 5.4%	キヨニシキ 4.7%	54.3%
2000年	コシヒカリ 35.5%	ひとめぼれ 9.7%	ヒノヒカリ 9.0%	あきたこまち 8.5%	きらら397 4.8%	32.5%
2010年	コシヒカリ 37.6%	ひとめぼれ 9.9%	ヒノヒカリ 9.8%	あきたこまち 7.7%	キヌヒカリ 3.2%	31.8%
2015年	コシヒカリ 36.1%	ひとめぼれ 9.7%	ヒノヒカリ 9.0%	あきたこまち 7.2%	ななつぼし 3.4%	34.6%

（出典）横尾政雄・平尾正之・今井徹「1956年〜2000年の作付面積からみた稲の主要品種の変遷」『作物研究所報告』第7号、2005年、19〜125ページ、および農林水産省各種資料より著者作成。

① 品種の集中とその問題

コシヒカリへの集中

表7−1に、日本でどんな稲が作られているかを示した。コシヒカリの増大が明瞭である。コシヒカリの普及が本格的に始まった1956年には全国で1000ha程度の作付面積であったが、4年後の60年には3万haに急増し、63年には10万haを超えた。1980年には30万ha、88年には40万ha、90年には50万haを超えている。1990年の2位品種ササニシキが21万ha弱であることを考えると、コシヒカリの人気のほどがうかがえる。

現在の農家で栽培されているうるち稲品種は、コシヒカリ、ひとめぼれ、ヒノヒカリ、あきたこまち、ななつぼしといった少数の品種に収斂している。2016年度には上位10品種で全体の75・

6％、上位20品種で84・7％を占めた。このように栽培される品種が収斂していくことを遺伝的侵食という。種子法があるから各都道府県独特の品種が作れるとは言いながら、品種が集中していることがよくわかる。

なお、コシヒカリには、コシヒカリＢＬという、いもち病耐性を持つ多様な品種群が含まれており、新潟県や富山県ではＢＬ品種群も奨励品種として指定されている。したがって、コシヒカリ品種群全体としてのシェアが、消費者側のニーズとの関連で増えているとも言える。

農商務省（52ページ参照）の資料によれば、20世紀初頭には全国から約４０００の稲の品種が集められた。これらは農家が作り続けてきた多様な地方品種であり、各地に適応したものであっただろう。現在はその1割の４００品種程度に集約している。

もっとも、農商務省が集めた品種は呼称で分類されており、同一品種を地域によって他の名前で呼んでいた可能性も高い。実際には、もう少し少なかったと考えてよいだろう。それにしても、実に多くの品種が全国で作られていた。こうした品種は、農家自身が選抜したものもあっただろうし、別の農家と交換した品種もあったと考えられる。

品種の集中が被害を大きくする

ここでは、品種の集中が近代的な農業の脆弱性の一つであることを、再度強調しておきたい。多収で栽培しやすく広域に適応した品種が普及すると、結果として、なんらかの環境変化が起こったときに壊滅的な被害を受けることがあるからだ。よく知られている例を二つ挙げておきたい。

ひとつは、19世紀中ごろに餓死・病死・脱出などでアイルランド島の総人口が半分にまで減少したと言われる、アイルランド飢饉をもたらしたジャガイモ疫病の流行である。１８４５年から49年にかけてヨーロッパ各地でジャガイモ疫病が発生し、なかでもアイルランド島には壊滅的な被害があった。その生物学的要因は、多様な品種が栽培されていなかったためである。疫病に強い品種も弱い品種も栽培されていれば、弱い品種だけが枯れ、強い品種は残っただろう。また、弱い品種同士の感染の可能性も低くできたかもしれない。多様性の欠如が被害を大きくしたのである。

もうひとつは、アメリカのコーンベルト地帯のトウモロコシの例である。１９７０年に、トウモロコシごま葉枯病で莫大な被害を受けた。トウモロコシは自家受粉（自殖）も他家受粉（他殖）もするが、自家受粉を繰り返して育成した近交系を別の近交系に交配した雑種第一代（Ｆ１）の個体は多くの場合に多収となる。当初はＦ１を得る交配作業に除雄が必要であったが、特定の細胞質には核側に対応する遺伝子（稔性回復遺伝子）がないと細胞質雄性不稔を生じる。細胞質雄性不稔と稔性回復遺伝子を利用すると、人手による除雄作業をする必要がなく、安価に種子を生産できる。しかし、病気への抵抗性を持たない特定の細胞質雄性不稔系統を利用した品種だけが栽培され、感染が一気に拡大した。遺伝的な多様性がなかったために大きな被害を被ったのである。

こうした被害を防ぐためには、多様な病害に対応できるような遺伝的に多様な遺伝資源を保有し、新しい病害にもいつでも対応できるようにする必要がある。

都道府県の試験場では、全国の試験場で育成された品種の適応試験が行われ、地域に最適の品種が普及される

地域に合った品種の見直し

日本の稲についてあらためて注目したいのは、2010年と15年の間の変化である。上位3品種（コシヒカリ、ひとめぼれ、ヒノヒカリ）の割合が2・5ポイント下がり、その他（6位以下）が2・8ポイント増えている。地域に合った多様な品種が少しずつ見直されてきているのだ。それには、農家のイニシアティブもあるし、消費者の側の多様な選択という要素もあるだろうが、各都道府県が地域に合った品種の開発に務め、ブランド化を進めてきた結果であると言える。

こうした部分は種子法が支えていたのだ。

各都道府県がさまざまな品種を試験し、普及していく予算を確保していることが大きい。400品種近くの稲を支えてきたのは、種子法ではないだろうか。種子供給が民間の手にゆだねられると、稲だけで400品種の種子を採り続けるのはコスト的にも手間的にもほとんど不可能だろう。

これまでの品種開発過程では、JA職員や普及関係者を通じて地域の農家の声が生かされてきた。地域の特性を反映した国や県による公的育種の典型的事例を紹介したい。

2　稲のドラマ

コシヒカリはなぜ誕生できたか

まず、有名なコシヒカリから始めよう。その歴史は第二次世界大戦中までさかのぼる。コシヒカリの両親の掛け合わせ(交配)は、1944年の夏に新潟県農事試験場(現・新潟県農業総合研究所)で実施された。交配に使われたのは、いもち病に強く、収穫期のもみの色が良い「農林22号」(1943年に兵庫県農事試験場育成)と、収量・食味に優れた「農林1号」(1931年に新潟県農事試験場育成)。両者の長所を併せ持つ品種の育成が目的であった。

敗戦を経て、1948年に農林省長岡農事改良実験所が選抜した65株のうち、20株が福井農事改良実験所に引き継がれる。この年、福井県は大地震に見舞われたが、その被害を免れた

20株から、「越南17号」(後のコシヒカリ)、「越南14号」(後のホウネンワセ)などの系統が育成された。越南17号は、食味や品質は良いものの、稈長(かんちょう)(稲の丈)が長くて倒れやすく、いもち病に弱いという欠点があったが、育成した石墨慶一郎氏の「地力の劣る地帯で活用できるのでは」という考えから、全国の試験場で試作されていく。

そこには二つのポイントがある。一つは、国と都道府県、あるいは異なる地域の試験場の連携である。もう一つは、短期的な商業化を目的とする品種開発ではなく、すぐには品種として頒布できないような形質のものを残してでも、その形質の持つ特徴が生かされる地域を探すことのできる体制である。日本ではその二点が長く守られてきた結果、現在のコシヒカリの活躍があるわけだ。

なお、コシヒカリおよびその近縁系統への過度の依存について、病害虫や気候変動に対する脆弱性が指摘されている。それは、無数にあった在来種の大根が青首大根へ集中したように、企業による育種の場合でも同じであると考えられる。

中山間地向けの幻の品種——愛知県のミネアサヒ

次に、日本全体ではそれほど重要ではないが、特定の県では長い間栽培されている品種の例を紹介しよう。筆者が住んでいる愛知県の東部(江戸時代に三河と呼ばれた地域)を中心に栽培されている品種に「ミネアサヒ」がある。コシヒカリ系統にガンマ線照射を行って生じた突然変異体である育成系統「関東79号」を片方の親に、「秋晴」や「喜峰」の系統をもう一方の親にした掛け合わせを行い、その分離系統から育成された。

１９６６年に、北設楽郡稲武町（現在の豊田市稲武町）にあった愛知県農業試験場山間技術実験農場（当時）で交配され、各種検定の結果、標高３００～５００ｍの地域での生産に向いている品種として、１９８０年にミネアサヒと命名。愛知県をはじめとして九州各県や岐阜県などが奨励品種とした、歴史の長い品種である。

名前の由来は、食味の良い伝統的な品種であった「旭」と、栽培予定地が中山間地域であることから「峰」を加えて、名付けられた。開発から40年を経た現在も豊田市を中心とする中山間地域で作られ、コシヒカリより美味しい米として評判が高い。若干小粒で透明感があり、炊き上がりに光沢がある。また、冷めても美味しく、おにぎりなどに使いやすい特性を備えている。

しかし、いもち病に弱いこともあり、新しい品種の開発にともない他県ではほとんど栽培されなくなった。愛知県内では中山間地域の主要品種（銘柄米）で、現在も水稲栽培面積の６％弱を占める（約１５００ha）。とはいえ、近隣の料亭や旅館、道の駅で販売される加工品として利用されるため、三河以外ではほとんど流通していない「幻のお米」である。このように小面積での栽培だから、民間企業がその種子生産に参入することは収益上考えにくい。継続的な種苗供給が公的な制度と予算のもとで行われなくなれば、存続の危機に直面すると考えられる。

愛知県では、原原種の生産のみならず原種も、契約農家にゆだねるのではなく、県の試験場が厳密な管理のもとで直接生産している。以前に農業試験場の本場が置かれ、現在は水田利用研究室のある、約5haの圃場を持つ安城市の原種採種圃場で、栽培されている。

2016年の場合、うるち米の奨励品種は早期栽培の極早生2品種、早植栽培の早生2品種、普通期栽培の中生1品種、中山間・山間地域向け極早生品種はミネアサヒを含む2品種が指定され、原種供給の責任を担っている。さらに、特定の地域や目的に適合した品種がもち米や酒米を含めて約10品種あり、麦や大豆も含めると相当な面積の圃場と人的投入がなされていると言える。

試験圃場の一番小さなプロット(区画)である5aで原種を栽培すると、約200kgの収穫がある。毎年原種を栽培するほどの需要がないミネアサヒのような品種は、3年ないし4年に一回の栽培としている。一方、大量の種子が必要なコシヒカリのような品種は、毎年原種を生産しなければ、一般採種の需要にこたえられないし、貯蔵施設も十分ではない。原種栽培は、他品種と隔離するために厳密な作付計画が必要とされ、経験豊かな職員の知恵が求められる。

こうした絶え間ない努力と工夫で、中山間地域の小規模農家がわずかに栽培する品種の種子の生産が確保されてきた。その成果として、ミネアサヒの50%以上が作付けされている豊田市では、稲武地区の道の駅などで直接販売や加工品販売が行われ、地域振興の主要な資源となってきた。写真に「とよたいなぶ米粉王国」とあるように、白米だけでなく、麺類やパンに加

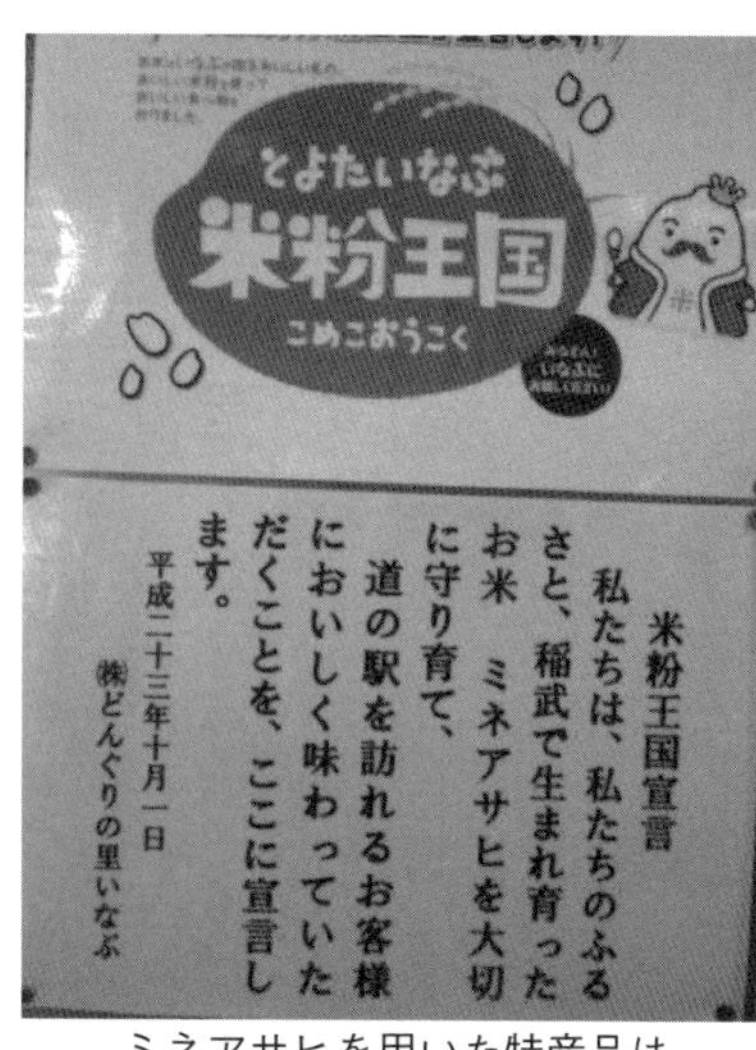

ミネアサヒを用いた特産品は地域振興の貴重な資源である

工して販売することから、「米粉王国」という統一名称で宣伝され、地産地消の推進に役立っている。種子法は、地域内での小さな経済の循環の基盤を支えてきた法律と言ってよい。それがなくなるのは、やはり大きな問題である。

なお、前述したようにミネアサヒはいもち病に弱い。そこで、中山間地域の生産者から病害抵抗性についての改良が要望されて、愛知県農業総合試験場はミネアサヒにいもち病とイネ縞葉枯病に対する抵抗性を導入した品種開発に、２００６年から取り組んできた。生産者の協力を得ながら栽培試験や食味試験を重ね、ミネアサヒの食味を生かしつつ抵抗性を持つ「中部１３８号」を育成。２０１７年３月に品種登録出願を行った。愛知県では、その種子供給を２０２０年度から予定している。地域に合った品種育成の努力は、絶え間なく続けられているのだ。

石垣島の協力で冷害を克服――岩手県のかけはし

岩手県で開発された品種「かけはし」には、品種育成と種子増殖・普及に情熱を注いだ普及現場職員の熱い思いがあった。品種改良によって、それなりに冷害に強い品種が岩手・青森県でも栽培されるようになっていたが、それでも数年に一度の不作は避けられない。

そうした状況で、後にかけはしと名付けられる品種が岩手県農業試験場で開発されていた。1984年に交配された品種で、母は「コチミノリ」、父は「庄内32号」(のちの「はなの舞」)。1991年に「岩手34号」という系統名が付けられ、県の奨励品種となった。そのとき東北地方を襲ったのが、「平成の大冷害」(岩手県の作況指数30)である。

岩手県は1994年からの本格栽培に備えて種子の準備を行っていたが、大冷害により、農家に配布する種子供給の見通しが立たなくなった。一方で、県内農家からは新しい耐冷性品種の栽培に大きな期待が寄せられていた。種子の供給は、種子法の精神から言っても、農家の窮状を知る現場農業関係者にとっても、最重要課題である。このとき岩手県農政部は、とてつもない方策を考えついた。わずかに残った種もみを沖縄県の石垣島に送り、冬の間に稲を育てて種もみを増殖し、種播きに間に合わせようとしたのだ。

1993年12月7日、冷害の中でなんとか収穫された岩手34号の種もみ約2トンを石垣島へ運んだ。これを72トンに殖やして、再び岩手県に戻そうというのである。記録によると、当時の石垣島の水田面積は250haで、うち50haが岩手県向け種もみ生産のために用意されたという。

二期作地帯の石垣島では、一期作の田植えをふつう3月の上旬に行う。だが、それでは種もみ収穫が岩手県の田植えに間に合わない。そこで、通常より2カ月も早い1月に田植えが行われた。岩手県からは普及のベテラン菅原邦典氏が派遣され、石垣島の農家とともに種子の生産にあたった。菅原氏にとっては初めての土地、栽培農家にとっては初めて育てる品種で、お互い手探りの協力である。

５月７日に始まった収穫では、予想を上回る１１６トンの種もみが採種された。そして、空輸された種子を使って、5月26日に岩手郡玉山村（現在の盛岡市玉山区）で最初の田植えが行われ、秋には大豊作をもたらした。

品種名の募集には16万３０００通もの応募があり、岩手県と石垣島の協力を記念して、かけはしと名付けられた。農林水産省の品種資料によると、両者の協力（架け橋）に加えて、かけはしは虹や夢を想起させるとともに力強い語感を持ち、岩手県の生産者がこのお米にかける情熱と意気込みを表している。さらに、盛岡出身の国際人・新渡戸稲造の「願わくはわれ太平洋の橋とならん」にもつながる。こうして、自然と人、人と人、地域と地域の「架け橋」になることを期待されたと説明されている。

石垣島に１６７日間にわたって派遣され、種子生産の陣頭指揮を取った菅原氏の貴重なインタビューが「美ら島物語」というネットサイトに掲載されているので、そこから二点エピソードを紹介したい（http://www.churashima.net/shima/special/love/index.html）。

「当時の沖縄県農林水産部長赤嶺勇氏は「他の県がお困りになっている時は、お助けするのが当然です」と言って快諾した。そして、石垣島の農家の方々も、「同じ農家の痛みとして、このときこそ協力すべきである」と言って、島内の一番良い田んぼを岩手県のために用意した。困った時はお互い様という姿勢、これぞまさに沖縄の「ゆいまーる精神」ではないだろうか」

「当時、家では90歳の祖母が寝たきりでいましたし、私のお袋は80歳ちょっと前くらいでしたから、家内を石垣に連れていくわけにはいかない。家内には申し訳ないけれど、うちにいて二人を見てくれないか、という話をしたんです。しかし、家族会議の時に、私の父親が、〝俺達の事は心配するな、大変な事とは思うが二人で行って目的を立派に果たして来い〟、と言ってくれたので家内と二人で行くことになったのです」

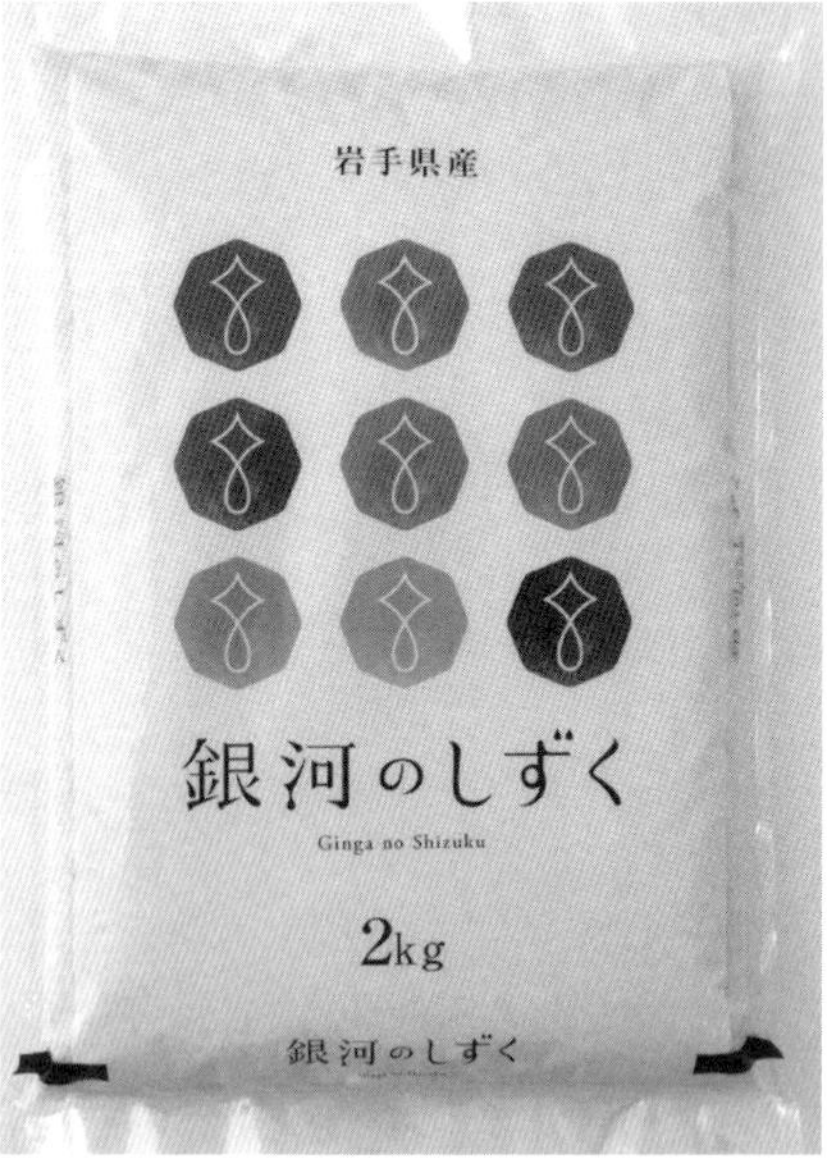

このような経験を経た岩手県は、その後も気候に適した品種開発を続け、「どんぴしゃり」「いわてっこ」などのうるち米に加え、「もち美人」などの品種を県単独事業として開発してきた。また、２０１５年から市場に出された「銀河のしずく」は、生産量が多

岩手県の最近の開発品種「銀河のしずく」。岩手県は毎年、新しい品種を開発している
（写真提供：岩手県）

くないため参考品種としてではあるが、食味ランキングでいきなり二年連続特Ａを取得している。現在、良食味米として、県内５ＪＡが７地域で県の奨励品種を採種しているほか、コシヒカリを超える極良食味品種「金色の風」を開発し、２０１７年度から一般栽培を始めた。

住民の想いと試験場の協力――宮城県のゆきむすび

宮城県北部の中山間地域である鳴子温泉地域では、高齢化・過疎化による担い手の減少、気候条件の厳しさによる良食味米栽培の困難さのため、遊休地・耕作放棄地が増え、鳴子温泉の景観も荒廃するという危機に直面していた。なんとかして、集落の維持、そして観光との連携ができないか。寒さの厳しい中山間地域でもよく育ち、美味しい米を求めて、住民たちは古川農業試験場を訪ねて相談したという。そこで候補に上がったのが、古川農業試験場が２００２年に育成した耐冷性の「東北１８１号」であった。

この系統は、「東北１５７号」(後の「はたじるし」)と「東８１０」を交配し、極良食味低アミロース(粘り気が多い)の品種を選抜したものである。東北地方の中南部では早生のなかで多少生育期間が長い品種(早生の晩)で、草型は偏穂数型(一株の穂数の多さが収量増につながる)のうるち種である。実ったときの倒れにくさ(耐倒伏性)は中、いもち病に対する遺伝的抵抗性があり、病気に対する強さ(圃場抵抗性)は葉いもち・穂いもちともに強、障害型耐冷性(出穂前10日前後の低温によって正常花粉が形成されなくなり、もみが稔らない現象)は極強。低アミロース米特有の粘りがあり、食味はひとめぼれに優る。

　鳴子の農業を守るために２００６年、農家、観光関係者、加工・直売所グループ、ものづくり工人の30名が立ち上がり、農と食を地域のみんなで支える「鳴子の米プロジェクト」がスタート。プロジェクトのシンボルとして東北１８１号を選び、鬼首（おにこうべ）地区の農家３戸30ａで試験栽培を始めた。その際、必要な種子を10kg提供したのは、古川農業試験場である。冷涼な気候に合ったこの系統は、栽培しやすく、ひときわ美味しい米に育ち、農家に米づくりへの希望が生まれたという（鳴子の米プロジェクトWEBサイト http://www.komepro.org/）。

　山深い鬼首地区は、鳴子温泉地域でも耕作条件がもっとも厳しい県境に位置し、田植え時期の５月下旬に雪解け水が田に流れ込む。栽培管理が難しいが、順調に生育し、ひとめぼれやあきたこまちとの目隠し試食調査でも一番美味しいという評価を得た。農村景観保全や自然乾燥による良食味米を提供するため、農家は杭掛け（稲掛（はざか）け）にこだわっている。２００７年には、雪深い鳴子温泉地域で育まれたお米が今後も人と人、都市と農村を結ぶようにとの思いと、現代の「結（ゆい）」の復活の願いをこめて「ゆきむすび」と命名され、品種登録された。

　この地域は山間豪雪地であるため収量増には限界があり、平場のような規模拡大によるコスト削減も見込めない。しかも米価下落が続く困難な状況の中で、作り手が安心して米を作れる価格を決め、食べ手がその価格で予約購入して買い支える仕組みを考案していく。鳴子の米プロジェクトが農家から１俵（60kg）１万８０００円で買い取り、「鳴子の米通信」の発行経費、

「ゆきむすび」を提供するおむすび屋「むすびや」

若者の研修支援費用などを上乗せした2万４０００円で販売した（現在は、機械乾燥米は2万５２００円、杭掛け天日干し米は3万円）。

作付け前の年始から予約受付を開始し、11月下旬〜12月に新米を発送する（予約は収穫前に完了）。全国に食べ手がいるほか、地域内では主に旅館などと取引している。また、２０１７年４月にはゆきむすびで作ったおむすびのみを販売する店舗が地域内に再開され、観光拠点としての期待も大きい。このような取り組みはアメリカではＣＳＡ（Community Supported Agriculture）と呼ばれ、「地域で支える農業」として普及。日本国内では、鳴子の米プロジェクトが稲作のＣＳＡのモデル的存在である。

なお、ゆきむすびの栽培は推定50ha程度とされ、毎年原種生産をしているわけではない。適地が限られた品種の開発も行いながら、原原種を維持し、必要に応じて生産・配布することが種子法によって間接的に支えられてきたからこそ、先進的な農村再生の事例が誕生したと言えよう。ゆきむすびは、品種開発から5年を経た２００７年に奨励品種に指定された。実需者と農業試験場の見事な協力事例であろう。

ちなみに、古川農業試験場は、２０１６年に全国で栽培された水稲品種でコシヒカリについで作付面積が多いひとめぼれを開発した試験場でもある。技術的な詳細は省くが、ひとめぼれの開発にあたっては、寒さに強い品種を作るための耐冷性検定圃場の処理方法という基礎的な研究も平行して行われた。品種育成の方法に関する知見の開発を公的機関が行った事例でもある。ひとめぼれの栽培面積は宮城県では圧倒的一位で、２０１６年にはうるち品種の78％を占めている。

また、古川農業試験場では現在、耐病性に優れ、冷夏・猛暑などの気候変動に対応し、精米歩留まりと炊飯性に優れ、かつ加工適性にも優れた品種2～3種からなる新「みやぎ米」を開発中である。具体的には、粘り気のあるひとめぼれのいもち病抵抗性の強化、倒伏性の克服、多収化、耐冷性強化、粘り気が少なく寿司などに適したササニシキの耐冷性強化、倒伏性・穂発芽の克服、品質向上である。

ササニシキとひとめぼれを交配した品種開発も行われ、ササニシキの食味とひとめぼれの作りやすさを併せ持つ「東北１９４号」（商標「ささ結」）が開発された。さらに、ガンマーアミノ酪酸含量が高く、植物繊維が豊富で、蔗糖含量が多い「金のいぶき」も開発され、さまざまな玄米加工品として期待されている。このように、一極集中ではなく、多様な生産者・加工業者・

流通販売業者・消費者の視点を取り込んだ品種育成の継続が期待される。

県の単独事業で開発された長寿品種——福岡県の夢つくし

福岡県は九州の経済の中心であるとともに、水稲作付面積こそ全国14位であるが、麦類と大豆の作付面積はそれぞれ全国2位と4位という農業県でもある。二つの政令指定都市をはじめとした大消費地を県内に持ち、市場条件に恵まれた農業が展開されている。そうした背景のもとで、福岡県が県単独の稲育種事業を開始したのはそれほど古いことではない。

良食味志向や産地間競争が激しくなる中で、1987年から県、生産者、農業団体が協力して、「うまい米・売れる米づくり運動」を開始し、89年に福岡県農業総合試験場が機構改革を行って水稲育種研究室を新設した。一般に、品種育成を一から始めると約10年はかかるとされている。しかし、各県でブランド米の育成が盛んになりつつあった当時の社会経済状況から見て、早急な品種開発が望まれていたため、当面すでに広く栽培されているコシヒカリの栽培特性の改良を目的とした。

1988年度からキヌヒカリにコシヒカリを交配し、翌年に3世代目で個体を選抜。以後は個体から生育された系統を比較する育種法によって、固定品種を選抜育成していく。温室で秋から冬にかけた栽培で世代促進するほかに、1989年1月からは石垣島でも世代促進を行った。1991年には「ちくし6号」の系統名を付し、「夢つくし」として品種登録が行われたのは94年である。

コシヒカリの食味とキヌヒカリの高い耐倒伏性を掛け合わせた、現在も福岡県を代表する品種の一つとなっている。県内の良食味地帯である平坦部から山麓地にかけて栽培され、とくに筑後川流域の筑後平野での生産が多い。全国的に見ても、２０１６年度の作付面積で14位だ。

夢つくしの「つくし」は、九州北部の昔からの地名である「筑紫」からとられ、「誠意を〝つくし〟て、親切を〝つくす〟つもりで栽培する」という意味も重ねられているという。原則的に福岡県内でのみ栽培され、オリジナル米として県民に親しまれている。価格的には、２０１４年度実績で60kg１万４４７２円と、全銘柄平均の約１万３０００円と比較して一割程度高い。冷めても粘りと香りが損なわれないので、行楽や学校・職場に行く際のおにぎりやお弁当に最適とされる。学校給食にも使用されるほか、塩むすびなど米本来の味を損なわない味付けで、素材から出される風味が楽しめることを魅力として、販売が促進されてきた。

２００９年からは、全農などの関係者を含めて協議を行い、新しい品種「元気つくし」の普及を行っている。元気つくしは、夢つくしと比べて若干収穫期が遅い。

福岡県は２０１４年度実績で9品種の水稲の採種圃場を設置し、14組合２５６戸の採種農家が約３２０haの圃場で１３００トンの種子生産を行った。将来の種子供給不足に備えて、需要量の15％程度の備蓄種子の準備も行っている。こうした総合的種子政策の調整も県の業務として行い、県産ブランド米の競争力維持と農家の収益強化に取り組んでいるのである。

３　実需者と協力して育成する麦

小麦の品種育成

日本で小麦の品種育成が組織的に始まったのは、１８９３年に東京都西ヶ原（現・北区）に設置された農事試験場における品種比較試験が最初とされている（藤田雅也「コムギ」鵜飼保雄・大澤良編『品種改良の日本史』悠書館、２０１３年）。北海道では外国からの品種導入が行われ、１９１０年代には交雑育種も始まった。１９３２年には戦時に向けて非常時食糧確保の観点から小麦の増産計画が実施され、全国の農事試験場で品種育成が促進されていく。

第二次世界大戦の混乱を経て、戦後も国内の小麦生産は増え、種子法成立の前年１９５１年には、全国の小麦作付面積約74万haのうち66％で国の開発した品種が作られていた。その後、作付面積は減少の一途をたどり、１９６１年の農業基本法による選択的拡大によって畜産や果樹に力が入れられていき、生産量も減少に転じる。１９７７年以降は生産奨励金が適用されるようになり、栽培面積は年による増減はあるものの増加傾向に転じた。

その後の育種目標の特徴は、水稲作の機械化との関係で田植えが早まったために裏作小麦として早生品種の需要が増えたこと、北海道向けの品種開発が行われたことなどである。さらに、麺用・パン用それぞれに向く品種の育成が行われ、品質中心の育種へと転換していった。

郷土食に向いたラー麦——福岡県

ここでは、その中でユニークな事例として、福岡県の「ラー麦」を紹介したい。ラー麦とは、福岡の郷土食であるとんこつラーメン向けの麺に適した品質を持つ小麦である（福岡県は国の指定試験地として、1966年以来二条大麦の品種開発を行っていた）。

国内ではラーメンに適した小麦品種がなく、小麦粉のほとんどに外国産小麦が使用されてきた。福岡県は全国2位の小麦生産県であるが、中心はうどん用品種である。そこで、地産地消によりラーメンの魅力をさらに高めるため、福岡県農林業総合試験場（筑紫野市）において、全国に先駆けたラーメン用品種の開発を決定。福岡県としても重点政策として取り組んだ。

筑後平野の麦秋の風景は地域資源でもある

まず2003年4月、長野県で開発された「東山40号」を母、九州沖縄農業研究センター（国の研究機関）で開発された「西海186号」（のちの「ミナミノカオリ」）を父として交配し、「ちくしW2号」を開発した。育成にあたっては、福岡県農林業総合試験場にはラーメン適性を評価するノウハウがなかったため、県内の製粉業界と一体となって「福岡県ラーメン用小麦品種開発協議会」を発足させ、ラーメン適性の評価と選抜を行っていく。そして、半数体育種技術の利用によって系統の形質固定を短期化し、2007年度に最適品種を開発し、08年7月に品種登録出願を公表、10月に県の準奨励品種に採用された。

名称は公募によって決定したラー麦。福岡県が商標登録しており、ラーメン関係業者がこの小麦を使った商品の販売に際して用いている。県内農家による限定生産で、販売が開始されたのは2009年11月である。

ラー麦は、麺にしたときの色が明るく、コシが強いうえに、ゆで伸びしにくい。福岡のストレートな細麺に合った特性を備え、ラーメン業者を対象に実施された試食会では、「麺にコシがある」「歯切れがいい」「味がいい」などの高い評価を得た。県内のラーメン店では年間1億2000万食が消費されており、現在およそ200店舗でラー麦が使用されている。

ちなみに、きしめんで有名な愛知県にも同様の事例が見られる。愛知県は、全国5位の小麦生産量を誇り、県が育成した品種「きぬあかり」が急速に普及・拡大してきた。製粉や製麺などの事業者が「地産地消」をキーワードに、「きぬあかり」を使ったきしめんや焼きそばなどの製品やメニューを開発・販売している。

公的機関主導の品種育成――大分県のニシノホシ

大麦にも興味深い事例がある。大分・熊本・鹿児島の九州3県で奨励品種となっている「ニシノホシ」は、以前から九州で作られていた既存品種の「ニシノチカラ」に比べて、短稈で穂数が多く、多収である。当時品種育成を行った九州沖縄農業研究センターの育種目標には、こう記録されている。

「麦類は重要な土地利用型作物であり、とくに大麦は収穫期が早いことから二毛作体系上有利な冬作物である。現在の主力品種であるニシノチカラは栽培特性や品質が不十分であり、実需者からも外国産大麦に比べて精麦品質が劣ると言われてきた。そのため、多収で優れた精麦品質を備えた品種を育成する」

ニシノホシの精麦品質はニシノチカラより優れ、搗精時間が短く、精麦白度が高い。また、オオムギ縞萎縮病のI型とうどんこ病に強い。普及にあたっては、大分県宇佐市の酒造会社である三和酒類(麦焼酎いいちこで知られる)が、「地産地消、麦の民間流通の先駆けとして、地元のJA大分宇佐・JA安心院(あじむ)(筆者注:現・JAおおいた)と生産協定を締結し、いわゆる契約栽培に準じた形態で栽培をお願い」した。そして「契約においては、圃場ごとに収穫数量および農産物格付け等級に応じる生産奨励金や当社基準で焼酎製造に適性が高いと判断された大麦に対しては品質奨励金を上乗せする、という栽培奨励金制度を採用」(梶原康博「焼酎用大麦の開発」『生物工学会誌』91巻4号、218ページ)した。

純国産焼酎「西の星」（三和酒類株式会社ＨＰより転載）

育成を行った１９９８年当時、宇佐地域は米の生産調整目標が達成されていなかったこともあり、その休耕田を活用して普及のスピードを上げた経緯がある。加えて、大分県が三和酒類に働きかけて焼酎の試験製造の協力を取りつけ、初年度17haの実証圃場を確保して栽培が始まった。小麦との価格差については、焼酎製造の試験成功後に三和酒類が大麦の買上価格に１kgあたり40円を上乗せして、農家の収入を確保している。導入３年目の２０００年には作付面積が４００haを超え、三和酒類への供給量も１０００トンを超えた。

三和酒類は現在、オーストラリア産大麦を原料とした主力商品のいいちこに加えて、ニシノホシを利用した１００％国産麦使用の焼酎「西の星」も販売している。地域の農家や産業のニーズを踏まえて、国が持つ遺伝資源（種子）を活用した品種育成が公的機関である九州沖縄農業研究センターにおいて行われ、企業がその品種の生産物を加工し、特産品として育てていった事例である。九州沖縄農業研究センターがニシノホシの育成者権を持ち、地域の農業者には大分県が種子を供給しているので、企業も農家も育成者権を気にせずに地域の資源として利用できている。

このように、遺伝資源情報を切り離して特許を申請する工業的発想とは反対の極にある営みは、種子法の存在によって成り立ってきたと言える。多くの関係者の協力や迅速な対応は、民間だけで可能であろうか。また、初期の品種育成に対する投資コストは高い。品種育成や種子供給が完全に民間企業で行われれば、こうした地域の地場産業を起こすことはより難しくなるであろう。

4 大豆の自家採種の奨励

大豆は、年間需要量338万トン（2015年）のうち、国内産はわずか24万トンで、そのうち約6000トンが種子用である（農林水産省資料）。品種開発は、国内6カ所の国指定の試験地で行われている（うち2カ所は道府県の施設）ほか、枝豆などは民間でも品種育成が行われてきた。

品種は東海から九州の暖地で栽培されるフクユタカ（2015年の栽培面積シェア25％）を代表に、北海道で主に栽培されるユキホマレ（同10％）など、5品種で全体の5割以上を占める。農林水産省は、収量の高位安定化による安定供給の実現、加工適性が高く実需者が使いやすいなど差別化できる特徴を持つ品種の開発、実需者と産地が連携した生産・商品化を目標に、品種育成を行っている。

岡山県の大豆（丹波黒）生産面積は約1000haと少ない。岡山県農林水産総合センター農業研究所による原原種生産、全国農業協同組合連合会岡山県本部を通じた3農協による原種・一般種子を生産しているが、生産量は７・５トン程度であり、３００ha程度しかまかなえない。

　そこで、家庭用冷蔵庫で自家採種種子を保存する簡便な技術開発を行った。収穫後に株を架け干しし、脱穀した種子をポリエチレン袋に密封して、家庭用の冷蔵庫で保管する。収穫から37カ月を経ても種子として実用的であることが検証されている。

　種子法の理念に従うと、最終的に生産物審査にかけるために、農家は毎年更新された種子を購入する。そこには、農家が自家採種する能力が失われるというネガティブな側面もある。一方、岡山県では、大豆の種子を十分に生産できない現状を踏まえて、農家が簡易な方法で次年度以降に播く種子を保存できる方法を研究し、自家採種を奨励している。種子法においても、必ずしも１００％の種子更新を強制しているわけではない。自治体独自の政策として、岡山県のケースは興味深い。

（注）本章の執筆にあたっては各県の行政関係者、試験場関係者から多くの情報を提供していただきました。すべてを記すことはできませんが、とくに、福岡県全農ふくれん濱地勇次氏、水田農業振興課長中馬俊介氏、愛知県園芸農産課主幹伴充晃氏、岩手県農産園芸課水田農業課長松岡憲史氏、宮城県古川農業試験場場長永野邦明氏には多くの時間を割いていただき、各県の品種開発・種子増殖の歴史と現況について説明を賜りましたことを感謝します。

第8章　野菜の種子を守る自治体のユニークな取り組み

1 公的機関による種子／遺伝資源の地域循環

この章では、日本国内の野菜の品種の多様性の保全に自治体などがユニークな形で関与している事例を紹介したい。種子法は稲・麦・大豆を対象としており、野菜類は直接関係しない。しかし、種子が誰のものか、誰が守り利用してきたか、またどう利用していくべきかを議論するには、遺伝的多様性が豊富な日本の野菜についての紹介は重要であろう。具体的には、国内で公的機関が関与して、種子／遺伝資源の地域循環を実現している事例を二つ紹介したい。

一つは、広島県のジーンバンクである。広島県農業ジーンバンクは、県内外で作られなくなった作物の種子を保存し、必要とする人には研究や育種目的でなくても配布する公的ジーンバンクとして知られている。

もう一つは、F１技術を用いて伝統野菜の品種を保全している長野県の事例である。一般に、伝統野菜・在来野菜の種子は固定種として保全されている。だが、固定種では収穫期がそろわず、規格に合わないため、ある程度以上の規模の販売が難しい。長野県では、在来品種の性質を維持しながら、安定した規格品を生産するために、遺伝的に距離の離れた親を掛け合わせる雑種強勢ではなく、地域内の遺伝的多様性のみを活用したＦ１の育成を行っている。この取り組みは、近代的技術を使った在来種保全として注目したい。

２　広島県農業ジーンバンクによる自家採種農家の育成

ジーンバンクの発足と体制

広島県農業ジーンバンクは１９８９年12月に設立された。その後、県内の農業関係団体の統廃合にともない、現在は一般財団法人広島県森林整備・農業振興財団が運営している。当初の設置目的は、地域戦略作物や新品種開発のための育種素材である植物遺伝資源の収集・保存管理で、広島県農業技術センターや県内の育種家、大学への遺伝資源の提供も行ってきた。

このジーンバンクには、国の農業生物資源ジーンバンクと大きく異なる点がある。それは、「種子の貸し出し事業」とも呼ばれる、保存している品種と種子の農家への直接提供である。１９９０年代に始められ、後述する「広島お宝野菜」事業のもとで種子提供に変化した。最近では地産地消の取り組みとともに在来品種が改めて見直されるなかで、地域特産品づくりなど生産者による種子の利用を支援している。

広島県のジーンバンクの歴史は、広島県農林振興センター・農業ジーンバンク、さらには第二次世界大戦時からあった広島市開拓組合の存在にさかのぼる。1980年代に入り、開拓組合の解散にあたって資金を有効活用するためにジーンバンクを設立しようというアイディアが、県会議員を含めた関係者の間で持ち上がった。国ではなく、県独自のジーンバンクがあれば、地域ごとの多様な特徴を持つ在来品種が生かせるのではないか、と考えたのである。こうして、基金をもとに財団法人によるジーンバンク経営が行われていく。

広島県農業ジーンバンクに保存されている種子

当時は預金の利子が7%近くあったため、それを有効に活用しようと、県内外の遺伝資源の収集を行ったという。種子を収集するのであれば、農家との連携が必要という意見が当初から挙がっていた。種採りや保存用には高い発芽率の種子が必要であるとも指摘されたが、研究用予算が不足していたために、まずは収集を目標としたという。収集にあたっては、農家の提供だけではなく、広島県農業技術センターや県内の育種家、大学からも協力を得られた。

その後、１９９０年ごろに野菜を専門とする沖森當氏が収集事業に加わり、野菜の品種が多く収集されるようになった。当時は、種子が送られてくるのを待っていればよいというのがジーンバンク側の姿勢だったが、沖森氏はこれに違和感を持つ。そして、各地域の責任者を選出し、地域に出向いて収集を実践するべきであると訴えた。この姿勢が、１９９２年から始まった「県内植物遺伝資源の探索・収集ローラー3か年作戦」へとつながる。

ローラー作戦の成果

ローラー作戦では、種子の収集に加えて、すでに栽培されなくなって種子は収集できなかったものの、以前の栽培情報は収集できた品種もあったそうだ(「ローラー3か年作戦報告書」)。広島県の事業としては、保存・管理だけではなく、地域農業の振興にどう役立てるかが期待されていた。

探索の方法に特色がある。ジーンバンクの職員が直接、探索を行ったわけではない。十分にスタッフがいなかったことが第一の理由であろうが、地域事情に精通した元農業改良普及員(現・普及指導員)が県内10地域から1名ずつ委嘱され、農協婦人部や老人クラブなどの協力を得て実施された。沖森氏は、近代化によって在来品種が消滅しつつある状況を目の当たりにし、広島県の農業振興を促すためにも積極的な在来品種収集の必要性を確信していたと述懐する。

そこで、ローラー作戦の計画書を提出し、収集する種子を指示しただけでなく、自らも研究員や元普及員と農家を訪れては、種子を譲ってもらうお願いをした。実際に集めた種子には、すでに交雑しているものもあったと思われる。何よりも当時は、集めて保存しないとその遺伝資源自体が消えてしまうという危機感が強かった。

収集した遺伝資源情報は130種547点、そのうち収集点数は387点（滅失記録160点）であった。これらの種子はパスポートデータ（収集の場所、年月日、収集者名、植物学的な特徴を記載したカード）に整理。さらに、発芽調査を行ったうえで、乾燥して貯蔵された。注目すべき点は、遺伝資源の提供者がなんらかの理由でその遺伝資源を失った場合は、申し出により種子の一部を返却するように定められていたことである。なお、すでに滅失が確認された品種については、滅失所在情報として記録された。

遺伝資源の配布規定と活用の工夫

広島県農業ジーンバンクの2010年時点での保存点数を表8－1に示した。遺伝資源活用事業は「植物遺伝資源配布規定」に則って行われているが、農家や一般県民に対しては「種子の貸し

表8－1　2010年時点での広島県農業ジーンバンクの保存点数

区分	点数
稲類（水稲、陸稲）	7,622
麦類	2,929
豆類	1,577
穀物・特用作物	1,043
牧草・飼料作物	2,466
果樹類	2
野菜類	2,485
花き・緑化植物	153
その他	14
合計	18,291

（出典）広島県農林振興センターのウェブサイト（http://www.kosya.org/chiiki/img/gene2.gif）。

出し事業」として説明されていた。

農家による遺伝資源の活用（種子の貸し出し）数は１９９８年の84点が最高で、豆類を中心に利用が多い（２０１０年以降は地域特産物有効利用事業で、お宝野菜の種子配布事業に引き継がれており、現在は種子の返却は義務付けられていない）。豆類では、生食用のほか、加工用特産物開発への利用目的が多く、野菜類は青空市などへの出荷やソバなどの既存特産物の薬味としての利用などが目指されていた。

農水省農業生物資源研究所（当時）の農林水産ジーンバンクに準じた形で制定した植物遺伝資源配布規定には、三つの特色がある。

第一に、国のジーンバンクが遺伝資源の配布を試験研究用に限っているのに対して、地域特産作物の開発も重要な配布目的にしている。その際、地域を管轄する農業改良普及センターが窓口機能を果たしていた。

第二に、国のジーンバンクが配布にかかる代金として一品種５７０円プラス送料を徴収している（２０１７年）のに対して、無償配布していた。

第三に、国のジーンバンクから遺伝資源の提供を受けた場合は、試験研究結果の報告のみが義務付けられているのに対して、試験研究または地域特産作物の育成開発の結果報告のみならず、配布を受けた植物遺伝資源と同量以上の種子のジーンバンクへの返却が要求されている。この事業が「種子貸し出し事業」と名づけられた理由はここにある。

さらに、地方品種の活用にあたって三つの工夫をしている。

まず、農業技術センターの圃場における栽培から得られた特性情報（色や形、抽苔（花芽の分化）特性、収量性など）の公表である。

次に、農家が必要とする系統の選抜である。確実な産品とするために、カブ、大根、漬菜では、品種内で生育期間の異なる系統の選抜が意識的に行われている。その結果、収穫期間が長期にわたるから、一度購入した人が美味しいことを知ったうえで再度購入できる。こうして、販売チャンスの拡大につなげている。

そして、「食と農の連携教室」の開催である。広島県栄養士会との共同で、「試験研究でリメークした野菜を使った健康づくり」をテーマに、たとえば太田かぶを使った調理実習を開催し、生産者と消費者の双方に啓発を行ってきた。

太田かぶの遺伝資源を活用する農家の取り組み

初期の貸し出し事業の例として太田かぶを紹介する。太田かぶの活用は、とくに県中央部の賀茂郡福富町（現・東広島市）で成功の兆しが見られた。このかぶは県西部から広島市に流れる太田川地域で栽培されており、「かぶ菜」とも呼ばれていたが、来歴は明らかではない。春にとう立ちした花茎を深漬けの漬物としていたという。

その後、元来の生産地とは異なる地域でＪＡふくとみ（現・ＪＡ広島中央福富支店）婦人部と

太田かぶを栽培する広島県農業ジーンバンクの特性試験圃場

青空市グループの両方に関係しているメンバーが中心に種子の貸し出しを受け、女性と高齢者が栽培を始めた。メンバーたちは、下仁田ネギなどと一緒に冬場の露地野菜として栽培し、ＪＡふくとみの青空市を中心に出荷した。菜花と同様に花芽が利用されるほか、間引き菜を葉もの野菜として出荷する。

1年の栽培後、配布規定に基づき代表の農家が種子を返却した。その種子はジーンバンクで発芽率を検定し、他の希望者に配布するために保存された。

農家の活動には二つの特色が見られる。一つは、自家採種した種子を使って2年目の栽培を行っていることだ。野菜の種子の購入が一般的になっている現代の農業において、自家採種の復活は、農民の種子に対する関与の度合いを増加させるものとして評価できる。もう一つは、前年のこぼれ種から、「野良ばえ」で育った野菜が畑に残され、そこから菜花としての収穫・出荷が行われていることだ。多様な機会をとらえて、作物の利用が行われている。

「広島お宝野菜」事業の成果

広島県農業ジーンバンクには、2009年度時点で県内の在来品種の遺伝資源が500点程度保存されていた。これらの利用にあたって、広島野菜の普及促進事業として、2009年度から「広島お宝野菜で地域農業の活力向上を」という3年間の新しいプロジェクトが始まった。当時、他県からの収集も含めると約5000点もの種子が保管されており、それらを生産者に再び活用してもらい、さらに流通業者に紹介して、販売を復活するのが目的である。ジーンバンクでは、農業後継者不足対策として設立された農業生産法人に有望な品種を栽培してもらい、少しでも地域の活性化につなげたいと考えていた。

2010年度には、ジーンバンク職員の船越建明氏らが中心となって、野菜を中心に特性を調べた後、現場で利用可能な品種を50点選び出し、そこから評判がよかった5品種を「広島お宝野菜」に選定した。青大きゅうり、観音ねぎ、矢賀ちしゃ、川内ほうれんそう、笹木三月子(ささきさんがつこ)大根である。これらは2010年版の「広島お宝野菜カタログ」に載せられている。

県中部の世羅郡世羅町では、お宝野菜の栽培をする自家採種農家のグループ「こだわり農産物研究会」が２００２年に設立されていた（２０１０年当時、会員21名）。会員は農業経営の一環として多様な野菜を栽培している。Ｆ１化した品種や輸入品種が一般市場でよく売れるため、固定種だけの栽培では経営が厳しい。とはいえ、「少しでも自分たちが食べたい、味の良い、レベルの高い在来品種野菜を生産するのが楽しみである」と自家採種農家は語っていた。

この事業が始まるまでは、「在来品種は売れなくなった」という意識が農家の間にあったが、お宝野菜事業の助けもあって再び人気を集め、評価されるようになったことが認識されている。在来品種栽培に再び乗り出す農家も現れた。在来品種は、守るためだけに栽培するのではなく、収入源や栽培者自身の思いを形にする役目も担っている。

こだわり農産物研究会は、グループ立ち上げ時にジーンバンクの指導を受けただけでなく、種子の借り入れ（種子の貸し出し事業）や技術指導も受けてきた。ジーンバンクから興味のある品種の種子を少量（ジーンバンクの原則で１g（野菜の場合）と決められている）借りた後、会員で栽培・増殖し、広めていったという。すでに述べたように、種子が採れた後に一定量の種子を返す条件だが、野菜は交雑しやすいため、規定より多めに返していた。

お宝野菜の成功事例として有名になったのは、青大きゅうりだ。福山市が原産地だったが、種子はほとんど売られておらず、栽培者も消滅しかけていた。ジーンバンクの事業をきっかけに世羅町で栽培が増え、ＪＡ世羅（現・ＪＡ尾道市）も栽培を普及。交雑しやすさゆえに採種が難しかったが、２０１２年には３戸の農家が中心になって自家採種し、出荷も行っていた。ただし、ジーンバンクの予算減少のため、協力体制の継続性は不明である。

遺伝資源の新しい流れの構築

広島県農業ジーンバンクの種子貸し出し事業は、国際的な参加型遺伝資源保全・利用のシステムづくりに寄与できる可能性を持つ。それは、どちらかというと農業の条件不利地域から収集した遺伝資源を、当該地域の開発資源として直接農家に返したことにある。

伝統的農業においては、地域内の遺伝資源が食料として利用されるとともに、次の作期のための種子として循環するシステムが数多く報告されている。一般にジーンバンク事業は、収集された地方品種がグローバルな育種素材として利用されることを期待して実施されており、地域の農家に遺伝資源を返すような発想はなかった。地方品種を栽培する圃場では、遺伝資源は一方向にのみ流れ（50ページ図2－2参照）、その遺伝資源が戻ってくるときは、近代育種の過程を経て多様性を失った改良品種としてである。

広島県では、多様性を持つ遺伝資源が原産地または周辺地域の圃場に再導入され、地方品種の遺伝資源がジーンバンクを通じて地域内で双方向に流れる可能性を回復した。ジーンバンクでは設立当初から、従来型の育種素材の提供という目的に加え、地方品種を利用した地域特産作物の開発が意図されていた。それゆえ、従来から存在していた地域内遺伝資源の活用と循環に加えて、地域へ遺伝資源が還元されるシステムが確立されつつある。こうした転換が実践されてきた意義は大きい。

農民による遺伝資源の利用を第一として、それを公的なジーンバンクが支援していくシステムを地域に確立できれば、地域で遺伝資源が循環し、新たな遺伝資源利用と利益配分方式の可能性が生まれる。

３　長野県におけるＦ１を利用した在来品種の保全

伝統野菜の選定基準

長野県は、その地形的な複雑さや、かつて京都と信州を行き来した木地師（椀や盆などの木工品を製造・加工する職人）の文化などを背景として、多くの在来品種が存在する。なかでも、漬菜類は現在も多くの品種が細々と生産されている。長野県はそうした在来品種を「私たちが毎日食べなれている野菜とは違った魅力と価値を持った、本県の資源であり財産でもある」とし、「平成19年度から信州伝統野菜認定制度を創設し、風土や歴史を大切にした生産を推進するとともに、地域の人たちに育まれてきた味覚や食文化をより多くの人に提供・発信することで、伝統野菜の継承と地域振興を図る」（長野県ウェブサイト）方針を立てた。

こうした政策のもとで、来歴・食文化・品種特性に関する次の三条件を満たした野菜を「信州の伝統野菜」として選定している。

①地域の気候風土に育まれ、昭和30年代以前から栽培されている品種。
②当該品種に関した信州の食文化を支える行事食・郷土食が伝承されている。
③当該野菜固有の品種特性が明確になっている。

２０１７年7月現在、選定されている野菜は76種類だ。

また、そうした野菜が栽培される地域にも認定基準がある。一つは地域基準で、信州伝統野菜認定委員会が確認した範囲とする。もう一つは生産基準で、次の三点である。

①種子・種苗：当該品種、または当該品種内で改良された品種であること。
②栽培方法：環境と調和した伝統的な栽培を踏まえつつ、当該品種固有の特性が発揮される方法により栽培され、安全安心を担保するため生産履歴が明確となっていること。
③生産体制：継続的な生産体制が整っていること。個々の品質規格に基づく出荷が行なわれること。

これらを満たした「伝承地栽培」の認定を46種類の伝統野菜と43の生産者グループが受けており、出荷の際に共通の証票が利用できる仕組みである。

F1技術の伝統野菜品種保全への活用

しかし、一般に知られていない伝統野菜も多く、地域ブランドとしての魅力ある素材が十分に生かしきれていない。このままでは近い将来、次々と消滅する恐れがある。したがって、風土や歴史を大切にした生産を推進し、地域の人たちに育まれてきた味覚や文化をより多くの人に提供・発信することが求められている。そうしたなかで、信州大学は各地の生産団体と協力して、一代雑種（Ｆ１）の導入による伝統野菜の種子の保全とブランド化を行うとともに、ばらつきの多い在来品種からＦ１系統を育成し、品種登録を行って地場産業を育成してきた。

ここでは、伊那地方と木曽地方の分水嶺に位置する旧・清内路村（現・阿智村）のケースを紹介しよう。清内路村では、「赤根大根」と呼ばれるカブをＦ１化し、２００５年10月に「清内路あかね」の名で品種登録した。赤根大根は、飛騨地方（岐阜県）や滋賀県に残る品種との近縁性が強い。江戸時代に京都方面へタバコを出荷していた関係であるとも、木地師が持ち込んだとも言われている。清内路村では古くから栽培され、自家用の漬物として利用してきた。

これを地域の特産品にするためには、規格のそろったものを一定量生産しなければならない。昔から村内で作られていた品種は、各農家が自分で毎年タネを採って栽培してきたので、形や長さ、色にばらつきがある。そこで、村中の品種を集めて、県の農業改良普及員、ＪＡ清内路（現・ＪＡみなみ信州清内路事業所）の営農技術員、村役場の担当者、信州大学の研究者が関わり、Ｆ１品種の育成を行った。２００５年には漬物業者二社（村内・村外各一社）に約15トンが出荷された。そのほか、旧・阿智村にある昼神温泉の朝市では阿智村の生産者が直接販売している。規模は小さいながらも、地域特産物としての地位は確立していると言えよう。

ただし、加工業者への出荷量は、旧・清内路村外の生産者は２００２年の２６５９kgから05

年の７９５１㎏へと大幅に増えているが、村内生産者は６６６７㎏から７２１９㎏への微増にとどまっている。その理由は、良い品種が育成されても、化学肥料を使用した栽培では連作障害があることや、清内路村が山間部に位置して容易に機械化できないことが考えられる。また、その後は生産者の高齢化にともない、ＪＡ清内路を通じた村内出荷は漸減してきた（正確な出荷量は、ＪＡの合併によって把握が困難である）。

種子管理の工夫とコミュニティビジネスとしての可能性

「清内路あかね」の事業に中心的に関わった農家は、こう述べている。

「清内路の在来種は自家消費用だが、商品化にはＦ１品種育成を目指した。でも、Ｆ１は自分たちが食べてきた在来種とは違ったものになったという感覚がある。自分が食べるのは在来種がいい」

このように、市場を利用した新しい地産地消と並行して、従来からの狭い地域での地産地消も存続していることに、多様性管理の一つのモデルを見出せるだろう。

また、この事例は、地域活性化において最近注目されているコミュニティビジネスの視点からも評価できる。まず、地域の資源に関係者が気づき、それを商品化していったことの意義は大きい。商品化を通じて地域の農家に副収入がもたらされ、経済的な効果が見られる。１トン出荷しても約30万円だから、赤根大根を中心とした農業経営は現実的ではないが、年金受給者である高齢者が地域の資源を受け継ぎつつ、副収入を得ていく意味は大いにある。

さらに、Ｆ１化された種子の管理においても工夫がされている。村内農家には優先的に種子が配布される。一方、村外に配布する場合は収穫物をＪＡみなみ信州清内路事業所に出荷することを条件としており、地域特産品としてのアイデンティティーを保つ努力がされている。実際、漬物業者は年間40トン程度の材料を確保したがっているが、村内生産は春作と秋作を合わせても約10トンなので、近隣農家との協力は地域ブランド形成に欠かせない。

4　農民を支える組織・制度・技術

世界各地の条件不利地域において、少量多品種の農業生産を行い、農業所得の増大と、日本で言えば漬物消費の激減のようなライフスタイルの転換への対応を同時に追求する手段として、在来品種の再利用は世界的に広がっている。たとえばオランダでは、ある地域で栽培されている小麦の品種が必ずしもパンに適していないため、ＥＵの古い登録品種から適切な品種を導入して、小麦の遺伝的多様性を増幅する試みが行われてきた。日本では、伝統的な漬物とは異なる新しいレシピの開発などが注目されている。

日本有機農業研究会では、「品種に勝る技術なし」という発想のもとに、都道府県レベルで品種交換会を以前から行ってきた。条件不利地域の農村が持続的であり続けるためには、こうした、農家が主体的に実施する在来品種の植物遺伝資源を利用した事業を、時代の動きに呼応しつつ、より総合的な地域開発につなげていく必要がある。

農民による在来品種の利用に関しては、農民の能力構築に焦点があてられることが多い。だが、本章で見たように、行政を含めた農民を支える組織、制度、技術の存在が、実際には不可欠だと考える。筆者の調査で出会った方たちは、必ずしも行政を高く評価していたわけではない。しかし、広島県のような自治体行政がジーンバンク施設と事業を整備・実施し、たとえ細々とではあっても農民に開かれた形で維持し続けている意義は大きい。同様に、信州大学のような国立大学法人が地域のＪＡや県の普及指導員とも連携して、育種技術を生かした品種開発、伝統野菜の遺伝資源保全を農家と一緒に行っている意義も大きい。

農家自身が持つ品種や採種技術は、地域づくりにおける重要なソフト面の要素である。そして、それを支えるために都道府県や大学が提供する制度や組織は、ハード面の重要な要素である。

（注）本章で取り扱った事例は、筆者らがすでに公表している内容の再掲である。初出は以下のとおりなので、詳しい内容を読みたい方は参照していただきたい。

西川芳昭「広島におけるローカルジーンバンクと農民の協働」『作物遺伝資源の農民参加型管理――経済開発から人間開発へ』農山漁村文化協会、２００５年。

西川芳昭「広島県農業ジーンバンクと地域における植物遺伝資源利用の振興」日本有機農業研究会『有機農業に使う種苗に関する生産・流通・利用実態調査報告(3)―生産・流通実態と在来品種の保存・継承を中心として―』２０１１年、70～79ページ。

西川芳昭・根本和洋「野菜地方品種の特産化における遺伝資源管理各アクターの役割と農家の意識―長野県「清内路あかね」F１品種育成事例から―」『産業経済研究』第46巻第４号、２００６年、３２３～３４５ページ。

広島県農業ジーンバンク『広島県における植物遺伝資源の探索と収集』１９９５年。

広島県農林振興センター・農業ジーンバンク『広島のお宝野菜カタログ』２０１０年。

広島県農林振興センター・農業ジーンバンク『広島お宝野菜で地域農業の活力向上を』２０１０年。

第9章　海外の農民主体の品種育成と在来品種の保全

1　生物多様性と持続可能性

繰り返し述べてきたが、一般にジーンバンクなどに収集保存された野性植物を含む遺伝資源は、国や企業による品種育成に利用され、高収量、特定の病害虫への抵抗性、広範囲の生態系への適応性、比較的狭い遺伝的多様性を特徴とする改良品種が育成される。新品種が導入される場合には、多くの国において登録され、登録された品種以外の種子の商業的な売買は認められなくなる。登録された品種は比較的条件の良い地域に導入され、市場への販売を目的とした農業経営に取り入れられて、多投入型農業のパッケージの要素を構成する。これが、緑の革命などで達成された飛躍的な収量増加をもたらし、国家レベルの食料安全保障に貢献した、遺伝資源利用のフォーマルシステムの概要である。

一方で世界の多くの地域において、農家自身が生物多様性の直接使用価値である作物そのものの価値を認識していることも多い。とくに開発途上地域の農民にとっては、この価値がどのように認識・利用・維持されるかが、生活の持続可能性に著しい影響を与えている。そこで、本章では、農家が主体的に参加している品種育成の考え方と事例、また農家やＮＧＯが中心となって種子の保存を行っている事例を、先進国・開発途上国の双方から紹介したい。

2　参加型品種育成（参加型育種）の考え方と事例

農業生物多様性保全と農業・農村開発のせめぎあい

農村における農業を中心とした開発の重要性は、今後も当分続くと考えられる。開発途上国の農業の経済的比重は減少し続けているが、農村人口は増え続けているからである。一方で、農業・農村開発によって農業における生物多様性が減少する可能性が高いことは、種レベルにおいても、種内の品種レベルにおいても、懸念されている。

現時点で国際社会が合意している国際的な開発の枠組みである持続可能な開発目標（ＳＤＧｓ）で、17項目ある目標の中で第2の目標として挙げられているのは、「飢餓に終止符を打ち、食料の安定確保と栄養状態の改善を達成するとともに、持続可能な農業を推進する」ことである（２０１ページ参照）。農業生産の向上が必須とされているのだ。

開発途上地域全体で、栄養不良の人びとの割合は１９９０－92年の23・３％から２０１４～16年には12・９％と、ほぼ半減した。とはいえ、世界人口の９人に１人（約7億９５００万人）

が依然として栄養不良に陥っており、この問題の解決には農業システムの根本的変革が鍵であることが認識されている。世界でもっとも就業者が多い産業である農業は、現在の世界人口の40％に生計手段を提供しており、農村部の貧困世帯にとっては農業が最大の所得源かつ雇用源だからである。これらの小規模農家への投資は、最貧層の食料安全保障と栄養状態を改善し、国内・世界市場向けの食料生産を増大させる重要な手段と理解されている。

一方で、目標の15番目には、「陸上生態系の保護、回復および持続可能な利用の推進、森林の持続可能な管理、砂漠化への対処、土地劣化の阻止および逆転、ならびに生物多様性損失の阻止を図る」ことが挙げられている。そこで懸念されているのは、次の点などである。

①干ばつや砂漠化によって、毎年、穀物栽培で２０００万トンに相当する１２００万haの農地(1分あたり23ha)が失われている。

②確認されている８３００の動物種のうち、８％は絶滅し、22％が絶滅の危険にさらされている。

なかでも、資源へのアクセスが男性や成人よりも弱いとされている貧しい女性や子どもたちが、日常利用している生物多様性の消失による否定的な影響を大きく受ける可能性が強い。また、健康に関連して、農村住民は、多くの野生生物などを食品・薬品・微量栄養素源としている。事実ＷＨＯの調査によると、世界の80％の人びとが日常のヘルスケアに必要な薬品を伝統的システムや伝統的薬品に依存しているという。健康分野の目標達成のためにも、生物多様性の管理は重要な課題と考えられる。

利用によって維持される農業生物多様性

近年になり、多くの資源とは異なり、農業生物多様性は利用によって維持される再生可能な資源のひとつであることが広く認識されてきた。一般に自然資源は、利用または消費によって賦存量（潜在的な存在量・利用可能量）が減少し、その希少性ゆえに効率的な利用方法や配分が経済学の議論の対象となっている。だが、作物の品種に代表される農業生物多様性は、その本質が生命体であることから、人間の利用によって増殖が促されるため、減少するよりはむしろ持続性が増す可能性が高いと言える。

したがって、ジーンバンクなどに種子を凍結するだけではなく、多様な作物の品種が存在する地域での利用促進による農業生物多様性の保全が、先進国でも開発途上国でも１９８０年代以降（参加型開発の興隆と並行して）行われていく。多様な作物の品種の栽培と利用に関する伝統知との関係で、農業の近代化によって改良品種や外来品種が普及した結果、「在来品種は利用しないとなくなってしまう」というメッセージも強く出されるようになり、農業生物多様性の管理と地域住民の参加による農業・農村開発事業が注目を浴びてきた。こうした生物多様性を利用した農業・農村開発は、日本における伝統野菜の復活による地域おこしなど、先進国においても開発途上国においても、新しい持続可能な開発として注目されている。

住民参加の意義

また、高収量品種などの近代技術の導入と機械化を可能にする基盤整備による従来からの開発だけではなく、地域の資源を関係者が認識して、農家・行政・消費者や都市住民などの多様な利害関係者の参加による開発促進の可能性が議論されるようになっている。農村部の小さな地域の開発のように、とくに地域の自然や社会環境・条件に依拠し、かつ全体的・統合的なアプローチを必要とする場合は、人びとがさまざまな開発活動に参画して便益を享受する参加が行われるべきであり、参加を通じて形成・実施された開発ほど持続的であるという理解は広まりつつある。政府や企業とならんで地域の生活者の参加が開発の新しい仕組みづくりに貢献することは、多くの事例によって明らかである。

国際研究機関でも、地域住民の参加を促す取り組みが行われている。たとえばアフリカでは、急速な近代化・西欧化によって伝統作物の多様性が失われてきたなかで、国際植物遺伝資源研究所(現・バイオバーシティ・インターナショナル)が中心になり、地域の多様な関係者を巻き込んだ在来遺伝資源利用プロジェクトが実施された。

たとえば、ケニアでは植民地化されて以降、ヨーロッパから持ち込まれたキャベツやタマネギなどの外来野菜を食べることが「現代的」で、チシャの仲間のような、地域で昔から栽培されていた伝統野菜の地方品種の消費は「後進」または「貧困」であるという考え方が一般的になっていく。採取する野生植物を含めて、地域の植物資源の利用は急速に減少していた。

そうした背景のもとで、国際機関が援助して、作物学者と栄養学者が連携し、地域原産野菜が実は栄養価が高く、栽培にも適していることを検証し、テレビやポスターを通じて周知した。その結果、首都ナイロビのスーパーで地域原産野菜が販売され、都市住民の出身地で伝統野菜の栽培が増大している。流通やマスコミ関係者も関わることによって、作物の多様性という文化的遺産・伝統的ルーツが再確認され、地方品種の消費が拡大した事例である。

参加型育種のステップと長所

このような考えをさらに進めたものとして、品種育成のプロセスに農民が参加し、地域の遺伝的な多様性を利用する、参加型育種が提案されてきた。その視点として、目標とされる地域の環境に最適の品種を作り上げると同時に、在来品種の遺伝的多様性の保全への貢献が期待されている。

従来の育種と参加型育種の決定的な違いの一つは、従来の育種では育種家が育種目標を設定したのに対して、参加型育種では農民が育種目標を決定するか、決定過程に参加することである。参加型育種のシステムは従来の育種と対立するものではなく、協調し、相互補完できる。参加型育種に関しては多くの事例が報告されている。ここでは、ネパールのＮＧＯ、Local Initiatives for Biodiversity, Research and Development：LI-BIRD（「生物多様性研究開発の地域イニシアティブ」）による、自殖作物である稲の育種の例を中心に紹介する。参加型育種のアプローチは、次の9ステップからなる。

①ＲＲＡ（Rapid Rural Appraisal：簡易迅速農村調査）――目的とする地域の育成品種の選定と地域社会のニーズ（興味）の把握

②ＰＲＡ（Participatory Rural Appraisal：参加型農村調査）――ニーズの評価／問題の概要の把握／優先順位の決定／積極的に参加する農家の選定／地域において一般的に栽培されている在来品種の同定

③ＦＮＡ（Farmer Network Analysis：農民ネットワーク分析）――種子の配付や研究の実施の際に地域の中心となる農家の同定

④目標順位つけ（Matrix Ranking）――農民が希望する形質の同定／既存の在来品種の長所と短所の同定

⑤富裕度順位つけ（Wealth Ranking）――農民を分類し、それぞれの社会経済的特徴を把握

⑥参加型育種（ＰＰＢ＝Participatory Plant Breeding）――材料の決定／分離系統の選抜（交配後第二世代から第五世代まで）／目的とする環境下での選抜（環境は農民が選択）／すべての段階での農民参加

⑦普及（ＦＷ：Farmer Walk）――成熟時に遺伝的背景と環境の影響を考慮して優良集団を選抜／農民による作物形質の嗜好に基づく順位つけ／栽培条件の不均一性の理解／参加農民と不参加農民および育種専門家の間の情報共有

⑧目標集団による討議（ＦＧＤ：Focus Group Discussion）――収穫前後の評価／成長・成熟・収穫・脱穀・貯蔵性・商品性など各ステージにおける作物の出来映えの評価／参加型地域社会評価

⑨品種普及のモニタリング（Monitoring）――農家内および村落内の農家間における新品種受容率の調査／種子分配の状況／採択・非採択の理由調査／品種多様性の評価／種子増殖と普及のための品種の範囲の同定

参加型育種は、農民と研究者の関係性から見た場合、二つに分類される。第一の相談型（consultative）は、農民にニーズの聞き取りは行うが、育種は試験場で行われる。この場合、育種目標の決定にどこまで農民が関わるかが、成功するか否かの決定的要因となる。第二の協力型（collaborative）は、農民と研究者が協力して全体の育種過程を実施する。どのような形で参加が行われるかは、育成品種がどのように選択され、拡大していくかに大きな影響を与える。一般的な農業研究の成果の普及にも同じことが言えるであろう。

参加型育種の長所としては、育種に要する期間が公式の育種と比較してきわめて短い場合があること（選抜育種の場合）、育種材料提供源を過度にジーンバンクに依存せずに、農民が自らの圃場で管理する可能性があることなどが挙げられている。

なお、このような参加型育種を実施しているＮＧＯの職員の多くが、もともと政府関係の試験場（英国の援助による農業研究機関）のスタッフであったことは、開発の視点、アクターの公から民への転換として、注目すべきである。現地でスタッフにインタビューしたところ、こんな見解が示された。

「研究所のイギリスからネパールへの移管にともない、身分や研究内容の将来が不安だった」

「自分たちが必要と考える研究を続けたかった」

「ネパールの国の研究機関は農民のための研究を行っていなかった」

彼らは現在、公的・私的に政府関係機関ともネットワークを組んでいる。

3 在来品種の種子を守る市民・農民の活動

アイルランド・シードセーバーズの活動

在来品種の種子を守る活動は世界中で行われている。なかでも、もっとも歴史があり、参加者が多い活動のひとつに、シードセーバーズ運動がある。シードセイバーズは、ほとんど栽培されなくなった品種の自家採種を通じた保存と種苗交換を行う民間非営利組織で、オーストラリアのミシェル&ジュード・ファントン夫妻が1986年に始めたのが最初とされている。ここでは、やや古い取材になるが、筆者が直接訪問見学をさせていただいたアイルランド・シードセーバーズ協会(Irish Seed Savers Association :ISSA)の活動を紹介したい。

ISSAの事業目的は、アイルランドにおける伝統的な果樹・野菜品種の発見(栽培されている場所を見つける）と保存（preservation）である。ＩＳＳＡは小規模なジーンバンクの運営も行い、この組織を通じて、商業的には流通していない野菜の伝統品種を配布する。また、伝統的なジャガイモ品種の配布ネットワークも形成している。こうした遺伝資源はメンバー間で交換される。そして、栽培方法も含めて、メンバーたちが人間と作物の相互関係を大切にする農業を保全し、継承しようとしている。

この事業は、商業的には行われていない。それは、ＥＵ内では未登録品種の種子販売は行えないからである。種子を商業的に流通しようとする場合は、品種の登録を行い、登録された品種のみが流通できる仕組みになっている。登録のためには、品種の新規性、優良性、安定性を証明しなければならない。多くの伝統品種はこの条件を満たすことが難しいうえに、登録費用をかけるほどの流通量がないために、登録されていない。だから、一般には売買できない。ただし、会員組織内での交換は現行のＥＵやアイルランドの種苗関係法令のもとでも認められており、ＩＳＳＡはこの仕組みを利用して伝統品種の普及を目指している。

事業の最大の目的は、アイルランドの文化的・遺伝的遺産（heritage）を一般の人びとに伝えることである。さらに、メンバーがこうした活動の世界的ネットワークに連なる結果、地球の消え行く遺伝資源を実質的・実際的な方法で保全する責任と喜びに与かるチャンスが得られる。

ＩＳＳＡは、伝統品種の保存だけでなく、栽培上の実際的な観点から、種子産業の問題点を指摘している。アイルランドで商業的に流通している種子の大半は、中央アメリカや北アフリカなどの乾燥地帯で採種される。だが、大きく異なる条件下で生産された種子が、アイルランドでその遺伝的特性を十分に発揮できるとは限らない。そこで、ＩＳＳＡは伝統品種の種子生産・配布に加えて、商業的に流通している品種の国内採種も実施している。

筆者が訪れた２００５年時点で、ＩＳＳＡの会員数は約３０００人であった。アイルランド最大のＮＰＯと言われる野鳥の会の会員数が約５０００人で、北アイルランドを含めたアイルランド島の人口の約０・１％を占める。ＩＳＳＡも当面の会員獲得目標を５０００人としていた（２０１７年現在、年会費は60ユーロ（年金生活者は45ユーロ）である）。

主な会員は30～55歳の小規模農業者である。アイルランドでは、一部の大規模なアグリビジネスを除いて、若い世代が家族農業を引き継がない傾向があり、農業従事者の高齢化が問題となっている。これに対して、ＩＳＳＡの会員層は農業を継続しようとする小規模農場主や家庭菜園愛好者が中心だ。

次に、具体的なプロジェクトについて触れたい。穀類プロジェクトは、国内で消滅した品種を国外のジーンバンクから研究用に入手し、増殖して、保存と会員への配布を目的としている。プロジェクトの大まかな流れを示そう。

エンバク、小麦、大麦などの種子をジーンバンクから少量入手し、ＩＳＳＡの契約農場で栽培し、配布に必要な量を確保することが当面の目標であった。契約農場では会員農民が栽培・採種し、必要に応じスタッフやボランティアが労働力を提供する。栽培の結果、２kgの種子が確保されると、半分が首都ダブリンにあるトリニティ・カレッジ(ダブリン大学)の「アイルランドの絶滅の危機に瀕した植物遺伝資源のためのジーンバンク」に保存用に送付される。残り半分は会員へ配布する。訪問時点で、約50品種の増殖が手がけられていた。これらは増殖を繰り返し、圃場で生産目的として配布される種子も準備されつつある。

たとえばSonasと呼ばれる冬栽培のエンバクは、1911年に育種された、アイルランドの気候に適した縞葉枯病耐性の強い品種だ。当初5gを入手し、3年間にわたってISSAのスタッフによる増殖が行われた。有機栽培で、除草や鳥害対策はすべて人力に頼っている。季節にも左右され、必ずしも順調に栽培されたわけではないが、4年目の2000年には約100kgの種子を収穫した。

こうして、部分的ではあるが、興味を持つ農家への配布が可能になる。また、農業大学では圃場レベルで低投入条件下の栽培試験が行われ、藁ともみの収量や品質検定が行われている。アイルランドでは有機農業の拡大にしたがって、有機畜産用の敷き藁が必要となっている。試験で十分な成果があげられれば、伝統品種を活かし、かつ経済的にも持続可能な小規模農業を展開する可能性が期待される。

また、より文化的色彩の強い品種に、アイルランドの西南海上に浮かぶアラン諸島で栽培されているライムギがある。ここでは、住民はライムギを主に屋根を葺く材料として栽培し、同時に家畜の飼料にも利用している。何世代にもわたって種子が引き継がれてきたが、栽培者がいなくなり、一部は野生化していた。その種子を収集して増殖し、農家に戻すことによって、屋根の葺き替え需要を満たすことが望まれている。

在来品種を守る韓国の小規模農民や家庭菜園愛好者の活動

韓国では、第二次世界大戦や朝鮮戦争を経て、多くの遺伝資源が日本やアメリカを中心に海外に流出した。また、海外産穀物の改良品種の導入や普及が政府を通じて強力に推進された歴史もある。その結果、換金作物栽培へ大きくシフトし、それにともなって農民間での種苗の交換や在来品種栽培が急速に減っていく。

しかし、近年では世界的な農民運動の活発化や価値観の多様化によって、在来品種が見直されつつある。その結果、土種(トジョン)と呼ばれる在来品種や伝統品種の種子を保全・増殖する団体が増えてきた。それらの特徴のひとつは、多くの団体が国の遺伝資源保全機関である農村振興庁のジーンバンクと、組織的ないし人的ネットワークを通じて連携していることだ。ここでは、会員数やメディアへの紹介の多さから、SEEDREAM(シードリーム)。「種の夢」という意味と同時に、韓国語の音としてシー(タネ)、ドゥリム(差し上げる)の意味がある)の活動に注目したい。

シードリームは2007年に設立された任意団体で、全国各地に会員ネットワークを有する。事務局が運営するウェブサイトを活用した交流や種子の配布を中心に、土種の自家採種を一般市民が学べる「種学校」を運営し、現場教育(採種と選抜、種子保存、在来品種調査)を行っている。種子を保存するために国内各地に残された遺伝資源を調査し、増殖して希望する会員に供給するとともに、伝統農業に関する学習・議論・教育を行うことが目的である。

本部は農村振興庁のある京畿道（キョンギド）水原（スウォン）市に置かれ、全羅南道（チョルラナムド）谷城（コクソン）郡に採種農場を持つ。会員は２０１５年８月現在約８３００人で、寄付金を払う優秀会員約１００人によって運営されている。会員の多くは、帰農者、都市部の小規模農業者、家庭菜園愛好者である。メンバーの多くは慣行農業を行っているが、活動を通じて自然農法に移行する人も見られる。

シードリームでは、在来品種を「韓国で栽培され、韓国の気候と風土に土着したもの」と定義している。在来品種と土種は、ほぼ同じ意味で使われることが多い。ただし、在来品種は李氏朝鮮時代（一三九二〜一九一〇年）から存在しているもので、主に学術用語である。これに対して土種は一般的に使われる言葉で、精神・歴史・文化的な要素が含まれる。

シードリームをはじめとして、韓国では種子保全団体と市民運動との関わりが強い。組織のリーダーたちは、こう述べている。

「市民運動の一環として有機農業農民運動が始まったので、自家採種を行うシードリームもその流れで市民運動と間接的な関わりがある。市民運動は正義を求める運動だ。市民運動は、改良品種を主に用いる慣行農業は環境汚染を起こす可能性があり、正義に反すると考えており、種子の保全団体としてシードリームが設立された」

リーダーの一人であるアン・ワッシック氏は韓国政府のジーンバンクの責任者を経験し、市民運動家と連携しながら、種子保全の市民組織を運営している。また、在来品種保全には女性が重要な役割を果たしてきた。たとえば韓国女性農民総連合(Korean Women's Peasant Association: KWPA)が全国にネットワークを持ち、活発に活動している。

一方、江原道紅川（カンウォンドホンチョン）郡にあるトウモロコシ研究所は、春川（チュンチョン）市農業技術院の傘下に、１９９４年に設立された公的団体である。第8章で述べた広島県農業ジーンバンクのイメージに近いかもしれない。韓国のトウモロコシ栽培は江原道(とくに春川市)で盛んなので、同市に研究所が設置されたという。

この研究所では、全国のトウモロコシ収集・採種農家と協力して栽培用種子を増殖し、品種の特性評価を行っている。設立当初は遺伝資源がなかったため、研究員たち自身が全国から収集した。現在では約６００系統が保存されている。収集は3〜4年かけて進められ、それをもとに品種育成が行われた。韓国内で栽培されているトウモロコシはほとんどＦ１品種になり、地域に適応した良い形質を取り出せなくなったからである。その後は、主な業務を品種の特性評価にシフトさせた。

そのほか、採種農家と協力して、江原道を中心に栽培されている種子を増殖し、販売している。２００１年からは、モチトウモロコシの増殖も始めた。もともと政府が依頼する形で飼料用トウモロコシの採種事業が行われており、30年以上にわたって採種している農家も多い。採種農家は研究所の指定を受けた約１４０戸だ。栽培・収穫された種子は１kgあたり1万５００

０ウォン（約１５００円）で研究所が買い上げ、全国の農家に１kgあたり１万８０００ウォンで販売される。筆者が訪問した２０１１年には、江原道内に73トン、江原道外に47トン、合計１２０トンが販売されていた。

収集された品種は、トウモロコシ研究所、農業技術院（春川）、水原市の国のジーンバンクの３カ所で管理され、系統保存している。採種事業による安定した収益を保ちながら、在来品種を保全していることが示唆された。

エチオピアの有機農業アクションによるコミュニティ・シードバンク

エチオピアは地理的にも気候的にも多様性に富み、多様な農業生態系を持っており、持続的農業にとって多様な品種の存在が重要である。農業省と政府関係機関である種子公社は、食料安全保障を確保するためには政府による種子の供給が重要であると主張する。しかし、実際には農民によるインフォーマルシステムがほとんどの種子供給をまかなっており、90％以上が農民の自家採種と農民同士の種子交換、地域市場での販売に依存している。

本来、政府が積極的に進めている、比較的雨量が多く、条件の良い地域の農家が導入を望む収量増加を目指した改良品種の導入と、条件不利地で農家が作り続けてきた伝統品種・在来品種の保存・管理の両立が望ましい。だが、トップダウンによる政府の管理が強いエチオピアにおいて、この両立は難しい。

政府の施策は改良品種の導入による収量増加に集中している。農家のリスクや労働力分散を意識し、種子や食料の安全保障や作物遺伝資源の多様性について考慮した改良品種の導入は、ほとんど考えられていない。品種育成を研究者が中心になって行うのではなく、農民も育種研究者と対等の役割を果たす協働者と考えて、種子に関する開発戦略を立てることが重要だ、と農民運動のリーダーであるレゲッサ・ファイサ氏(元・国立生物多様性研究所所長)は述べている。

こうした背景のもとで、優良種子の確保による種子や食料の安全保障と農業生物多様性の管理の両立を目的とした内発的な資源管理の事例として注目されているのが、コミュニティ・シードバンクである。レゲッサ氏が中心となって、コミュニティ内でのシードバンク運営を支援するNGOが1994年に設立された。

エチオピアでは、国立生物多様性研究所にある国立ジーンバンクによって、長年にわたって農家が作り続けてきた干ばつに強い品種や、背の高いマカロニ小麦の在来品種の収集が1970~80年代に行われた。1980年後半には、研究機関が協力し、農民レベルでコミュニティ・シードバンクの活動を開始。1994年には、地球環境ファシリティ(GEF：Global Environment Facility)プロジェクトによって国内13カ所でコミュニティ・シードバンクが設立された。小麦などの作物の遺伝的多様性が歴史的には豊かでありながら、急激な減少の危機に直面している地域を中心に選定したという。

これらの村では、農民によって品種の多様性が長く維持されてきたが、繰り返される干ばつによって農民は自家採種した種子を失い、さらに食糧増産を目的とした農業開発による改良小麦品種導入の結果、在来小麦品種は絶滅に瀕していた。そこで、国立生物多様性研究所が収集・保存してきた干ばつに強い品種や、背の高いマカロニ小麦の在来品種を、コミュニティ・シードバンクを通じて地域に再導入した。

農家はグループをつくってコミュニティ・シードバンクを運営し、メンバー農家に種子を毎年無料で提供して、必要な品種の種子を必要な時期に安定的に供給することを目指した。配布を受けた農家は、毎年の収穫後に利子分として20％を加えた種子をシードバンクに返還し、翌年配布する種子を確保する。

こうした活動の背景には、「政府機関や研究所の職員が農民の権利・特権への意識が低い」というレゲッサ氏の考えがある。農民の側も品種の多様性の重要性は理解しているものの、農民の権利を十分に理解しているわけではない。だからこそ、ジーンバンクに保存されている伝統品種という生物多様性資源と、毎年地域で循環する品種を栽培・採種・保存する伝統的知恵という情報資源を組み合わせた、地域資源利用の組織づくりを試みたわけである。

レゲッサ氏にとって農民の権利とは、人類に共通の財産である作物の遺伝資源を管理する農民に対して人類がどのように責任をとりうるか、ということも意味する。それゆえ、農民の権利を推進していくうえでは、世界銀行や国際農業研究協議グループのような国際機関が国際条約の枠組みの中で農民を支援する責任を持ち、そのことに対する国際レベルでのコミットメントが不可欠であるとも主張している。このような思想に基づき、国際機関に加えて国際NGOからも支援を受けていることは、先行事例として注目していきたい。

（注）本章で取り扱った事例は、筆者らがすでに公表している内容の再掲である。初出は以下のとおりなので、詳しい内容を読みたい方は参照していただきたい。

西川芳昭「作物遺伝資源管理のシステムを担うNGO・NPO」西川芳昭『作物遺伝資源の農民参加型管理――経済開発から人間開発へ』農山漁村文化協会、2004年、77～104ページ。

西川芳昭「英国・アイルランドにおける地域資源管理への市民参加」浅見良露・西川芳昭編著『市民参加のまちづくり 英国編――イギリスに学ぶ地域再生とパートナーシップ――』創成社、2006年、114～126ページ。

冨吉満之・西川芳昭ほか「韓国における種子管理に係る諸組織の機能に関する一考察―政府組織・種苗会社・農家グループへの聞き取りから―」『農林業問題研究』49巻1号、2013年、125～130ページ。

丁利憲・西川芳昭「韓国における自家採種運動の実態と食料主権―SEEDREAMリーダー聞き取りと会員アンケートを基に―」『日本国際地域開発学会2015年度秋季大会プログラム・講演要旨』2015年、21～22ページ。

西川芳昭「内発的発展を支えるコミュニティ種子システム――エチオピアにみるNGOと政府の協働」大林稔・西川潤・阪本公美子編『新生アフリカの内発的発展――住民自立と支援』昭和堂、2014年、78～101ページ。

第10章　種子を公共財として守るために

種子法廃止法案の国会通過が決定的となった3月下旬以降、問題の深刻さが農家、農業関係団体や消費者に認識されるようになった。最初は、『日本農業新聞』『農業協同組合新聞』などで報道が始まり、一般紙では3月15日に『東京新聞』が取り上げたのを皮切りに、法案の参議院農林水産委員会通過後の4月14日には『毎日新聞』でもさまざまな懸念が報道され、多少は一般市民にも知られていく。生活協同組合を中心とした消費者の勉強会も頻繁に開催され、議員会館で行われた二回の院内集会では、国会議員や農林水産省担当者を含めた多様な関係者の参加による活発な議論が行われた。

本章では、それらの議論を踏まえて、種子法廃止の問題点と将来への懸念について、種子を公共財として守る視点から5つの点を指摘したい。第一は、日本の農業の特徴と農業競争力強化支援法の考え方の根本的矛盾、第二は主要作物の種子生産の現場の懸念、第三は公共財としての種子の視点、第四は国連で合意されている「持続可能な開発目標」の視点からの議論、最後にこれがもっとも大切であるが市民の政治参加とガバナンスの問題である。

1　農業競争力の強化という幻想と二重の収奪

競争力志向は農業の持続性に反する

種子法廃止法案の正式な提案理由は「最近における農業をめぐる状況の変化」の一言であった。どのような状況の変化が種子法の廃止を要請しているかは、国会の議論を通じても明らかにされていない。たしかに、民間参入を阻害しているという議論は行われた。だが、これは、２００７年４月20日に行われた規制改革会議の議論で、当時の農林水産省生産局農産振興課長の「奨励品種の指定に関しても種子法のシステムが民間参入を阻害していない（筆者要約）」という答弁と矛盾している。この10年間で、同じ法律・制度がなぜ民間参入を阻害することになったのかについての説明は、今国会で明らかにはされなかった。

議論の中で注目すべきは、種子法廃止法案と前後して上程された「農業競争力強化支援法案」と、その背景にある２０１６年に政府が決定した「農業競争力強化プログラム」である。これらの法案やプログラムが官邸および自民党の農林部会主導でつくられ、農林水産省がその意向に従って一連の法案を準備してきたのではないかという批判がある。その点は第五の論点で改めて触れることとして、ここでは、第４章、第６章、第７章とも関連して、日本の農業のあり方から考えた、競争力志向の問題点を簡単に整理したい。

１９９２年以降に議論されてきた「新しい食料・農業・農村政策の方向」と99年制定の「食料・農業・農村基本法」が、現在の日本の食料・農業・農村のあり方の基本である。にもかかわらず、具体的な農業政策の方向は定まらず、政権交代もあり、どのような農業を目指すかがよくわからない状況になっている。

旧農業基本法のもとでは、農村政策や食料政策はあまり意識されず、農業生産面が中心であり、産地化が進められたことへの批判があった。そこで新しい基本法で目指されたのは、農業生産の振興だけではなく、環境保全も含めた食料政策、農業政策、農村政策である。たしかに民主党政権時代初期には、小規模経営あるいは兼業農家の重要性が強調され、農村の役割が重視された時期もあった。しかし、その後、ＴＰＰへの加盟交渉参加を受けて、反対の方向、すなわち、大規模化・企業化へと各施策は転換する。

食料・農業・農政審議会の会長を務めた生源寺眞一氏（現・福島大学教授）は、政策を大きく変えること自体は必要であれば行うべきだが、変えるとすれば、基本法をきちんと変えるべきであり、基本法・基本計画をそのままにして政権の思惑で農業政策を動かす状況は問題であると指摘する。また、生産規模のある程度の拡大は必要だし、食品産業とつながらなければならないが、農業の特質は生き物を育て、育む生命産業であると述べる。人の思いどおりにならない相手を、人間の都合のいいように育つ環境を整えるのが農業であるとも説明している（たとえば、２０１３年５月10日の熊本市都市政策研究所第３回講演会「日本の農業の活路を探る」講演

録。https://www.city.kumamoto.jp/common/UploadFileDsp.aspx?c_id=5&id=2819&sub_id=1&flid=15991）。

同様に、農業経済学者の河村能夫氏は、以下のように指摘する。

「日本の農業は北米やオーストラリアのように、本来的に食料輸出を目的とした植民地型の農業ではなく、土地に根差して地域の小さなニッチ市場を得意とする農業の歴史を持っており、低価格・大量生産を競争力の根源と考えるフォーディズム的な農業とは異なる」（「経済のグローバル化における食と農の連携関係を探る」『ACADEMIA』152号、2015年、44〜57ページ）

ところが、種子法廃止の政府側説明理由のなかには、「例えば、輸出用のお米あるいは業務用のお米、県の範囲に必ずしも限定されないようなニーズはあるわけでございますけれども、そういったものは、ニーズがあったとしても奨励品種には指定されにくい」（2017年3月23日、衆議院農林水産委員会、農林水産省柄澤彰政策統括官）とある。本来日本の農業の強みではない輸出振興が、種子法廃止の一つの理由となっているのだ。

輸出競争力のあるごく一部の農家や農業法人だけが生き残れるような農業は、食料・農村の持続性とは著しく矛盾する。基本法そのものを触らない政権主導の、とくに輸出競争力強化のために種子法が犠牲になることは、日本の農業の持続性に矛盾していると考えざるを得ない。

二重の収奪

さらに、種子法廃止法案の説明で、国が講ずべき措置として「民間による種子や種苗の生産供給の促進、国や都道府県が持つ知見を民間に提供し、連携して品種開発を進める」としていることにも、公共品種の種子を生産している現場を中心に懸念が示されている。この点は国会の議論でも再三にわたって質問され、たとえば２０１７年３月23日の衆議院農林水産委員会では、柄澤政策統括官がこう答弁した。

「原原種圃、原種圃を設置する技術ですとか、高品質な種子を生産するための栽培技術ですとか、あるいは種子の品質を測定するための技術などの知見につきまして、民間事業者に提供を促進していく」

また、農林水産技術会議の西郷正道事務局長は、次のように答弁している。

「農林水産省といたしましては、研究成果が速やかに国内生産者に普及していく、都道府県の生産者に普及していくということなど、我が国の農業の発展に貢献すると考えられる民間事業者に対して研究成果を提供していくということが適切であると考えております。都道府県に対しましてもこのような考え方をお伝えしまして、こういった点を考慮した上で研究成果の提供の適否あるいは提供の方法等についても判断していただくよう促してまいりたいと存じております」

育種素材も含まれるこれらの発言によって、民間との連携というよりは、公共的財産の民間への払い下げになりかねない懸念が浮上したと言える。民間の育成品種の多くは、都道府県が開発した品種を育種素材として活用して開発している。民間企業が商品開発した成果物に対して知的財産権をある程度付与すること自体は、現在広く認められている権利である。しかし、それをさらに強化し、農業生産や研究目的で自由に使えない特許のような形で素材そのものの囲い込みが始まれば、国民としては財産の流出になる。京都大学の久野秀二氏は、これを「二重の収奪」と呼んでいる。

国や都道府県が税金を使って、地域の生産者・消費者のために優良品種を開発し、その種子を安定供給するために育成・保全してきた結果が、現在国や都道府県が所持している育種素材である。民間企業がこれを自由に使って品種育成を行い、特許のような強い知的財産権を行使した場合、民間企業が過剰な利益を得る可能性がある。それは、種子や品種と人間の相互関係の中で長く人類共通の財産として位置付けられてきた種子の本来の性質の部分的否定になりかねない。

国や都道府県が供給の責任を持つことによって、種子の公共的側面が担保されてきた事実を再認識したい。種子法が直接知的財産権の保護と関係するわけではないが、農業競争力強化支援法案の中で独立行政法人や都道府県が有する種苗生産に関する知見の民間への供与が明示(第8条4)されていることは注視しなければならない。

民間参入が生産者の所得向上につながるのか

種子は、穀物生産において重要な投入財である。種子の価格が高くなった場合、生産物の収量が同じであれば、その分所得は減少する。国会における議論では、政府側は、代表的な民間開発品種である三井化学アグロが育成したF1品種「みつひかり」を紹介して、収量が上がるから、種子の価格が現在の数倍になったとしても農家の所得はむしろプラスになる、と説明している。

実際、稲の場合は、生産費全体における種子の価格の比率は決して大きくはない。だから、収量がある程度上がれば、種子の価格が高くなっても収益が向上するという計算は成り立つ。だが、具体的な経営を分析した試算が示されているわけではなく、より丁寧な議論が必要であろう。

加えて、現在の民間品種は、生産物の利用者である中食産業や外食産業などの実需者を想定した、実質的な契約栽培である。一般の市場流通を前提とした仕組みではないことも指摘しておきたい。

2　種子生産の現場の混乱

予算は確保されるのか

道府県(法律はすべての都道府県を対象としているが、実態として東京都には奨励品種が存在しないため、ここでは道府県と表現する)は、種子法を根拠に品種育成や種子増殖の予算を手当てしてきている。1998年以降は地方交付税交付金の一般財源から税金を捻出してきたが、生産流通振興費の費目を積算する際に種子法が費用算定根拠とされてきた実態がある。

道府県が今後とも費用を捻出することが期待されているとは言うものの、農業県ではない自治体において、教育や福祉などの他分野との競合を踏まえると、根拠法がなくなる影響がどのようなものかは未知数である。この点は、参議院農林水産委員会に筆者と一緒に参考人として招致された秋田県農林水産部長の佐藤博氏も繰り返し指摘されていた。与党招致の参考人でありながら、種子法廃止後の懸念を吐露せざるを得なかったのは、農業県・米どころである秋田県の農業行政の責任者として当然のことであろう。

国会の議論における大臣や農林水産省担当者の答弁は、各都道府県は今後も引き続き、品種改良事業に取り組んでいく意向であると言いながら、各都道府県の「自主的な判断」に基づいて各地の農業振興の観点からやっていくであろう、という発言（衆議院・参議院農林水産委員会における山本有二農林水産大臣など）もあり、一貫性が見られず、将来に不安が残る。

与野党議員の質問を通じて、最終的には農林水産大臣が「万全の措置を行う決意である」とか、「関係省庁にちゃんと予算措置するように働きかける」と答弁した。とはいえ、この働きかけについては、あくまで「農業競争力強化支援の一環として」という点で答弁がなされていることに留意する必要はあろう。

現場の不安は種子法廃止前から表明されていたことにも注意したい。2016年3月29日に日本作物学会第２４１回講演会で、「水稲の原種・種子生産に関わる問題点を探る」という小集会が開かれた。そこで岡山県・千葉県・京都府・長野県の農林総合研究センター職員らが現場からの情報を共有し、いくつかの点が明らかにされている。

第一に、種子法が存在していた時点でさえ、原種生産における機材・施設更新の予算が十分ではない。第二に、危険をともなう作業があり、研究時間を割かれるため、種子増殖の事業に研究員が必ずしも好んで従事できない。第三に、計画的人事がなされないために技術継承が行われにくい。一般種子生産現場の高齢化と後継者不足もあり、種子生産システム全体が危機的状況にあるとも表明されている。これらは、都道府県レベルの研究機関だけで解決できる課題ではない。行政や国の独立行政法人の積極的な関与が期待される。

都道府県における種子事業の今後と奨励品種制度

奨励品種制度そのものは、種子法ではなく主要農作物種子制度運用基本要綱で決められており、種子法の廃止と奨励品種制度の関係も整理する必要がある。道府県における品種開発継続の必要性がどこまで担保されるかは、各道府県の判断に任される。一部の農業県では、それぞれの判断によって継続される可能性は高いが、それはあくまでも農業競争力強化支援法を根拠にする。それゆえ、大規模化・輸出産業化の困難な府県は種子事業からの撤退を余儀なくされる可能性がないわけではないと懸念される。

奨励品種制度について、道府県にとっての「優良な品種」の供給を義務付ける形で、奨励品種の決定に対する試験が種子法に定められていた。すでに多くの奨励品種が指定されており、道府県が原原種や原種を保存しているから、数年間で大きな変化が起きるわけではない。だが、そのあとが心配である。

種子の需給調整と安定供給には、熟練した経験と膨大な労力・資金が求められる。国と都道府県は種子法の存在によって、必要な財政的・設備的・人的資源を用意してきた。種子法の廃止後、このような種子計画の立案や運用が可能かどうかは疑わしい。

また、都道府県の範囲を越えた品種のやり取りや、特定の県の種子不足時の他府県からの緊急的な供給や国の食料安全保障を確保する体制は、「不測の事態が生じた場合の生産資材（種子・種苗）の確保の手順」（2015年3月29日閣議決定の食料・農業・農村基本計画）で決められている。そこでは、種子法のもとで整備されてきた全国主要農作物種子安定供給推進協議会などの機関の役割が重要であり、種子法廃止後に何を根拠に行うかは非常に不安がある。

技術的懸念とその対応

種子法廃止の影響に関して、道府県の試験研究や普及の現場で種子生産を行っている方々は、種子の純粋性と雑草や病気の混入を非常に心配している。筆者は参議院農林水産委員会における参考人質疑の際に、森ゆうこ委員（自由党）の質問に対して、この点を指摘した。

種子法の規定では、稲・麦・大豆類の種子は、原原種（試験場）→原種（試験場・原種生産農家）→採種農家→販売という流れで、各都道府県で生産される。その際、試験場で栽培される原原種の生産においては、訓練を受けて十分な経験を持った職員がその責任において管理を行い、当該品種の純度を維持している。契約栽培を行っている原種生産農家や採種農家による生産は、都道府県の普及指導員が栽培指導したうえで、圃場設置の検査に始まり、種子検査員として数度の圃場審査、生産物審査を行い、厳しく純度の維持に努めている。審査の途上で、異品種、雑草、病害虫が多い圃場は種子生産圃場から除外される。

現在のシステムでは、すべての生産圃場について、実際に圃場の中に入って審査する。生産物についても、少量の場合は全量審査、多量の場合でも生産条件に多様性がある場合は多数のサンプルを審査して、万が一にも品質の悪い種子が農家の手に渡らないように万全を期している。よほどのことがないかぎり、ＤＮＡ鑑定まではされていないが、これだけの手をかけて優良種子を生産・供給している現状がある。

一方で、これから仮に輸入種子が入ってくるとして、どこまで遺伝的な純度が確保されているのか、それをどうやって確認するのかが、大きな問題となる。もちろん、植物検疫制度があるし、種苗法の基準に基づいた検査は行われるだろう。だが、輸入種子を増殖する企業や農家が現れたとして、（圃場が海外にある場合はとくに）その圃場や種子を誰がどのように審査し、どのような品質保証がなされるのか。外来の雑草や病害虫に対する対策は、十分に機能するのか。圃場で実際に病害虫や雑草の除去に携わった技術者・研究者のみならず、農家にとってもとても気になる。

もし、種子から病害虫が広がったとしても、国内で生産された種子に由来するものであれば、ノウハウは蓄積されており、対応可能であろうが、外来のものは簡単ではない。雑草についても、混入率に関する基準はあったとしても、たとえば多年生のイネ科雑草などが繁殖し始めると、その駆除は非常に厄介である。

また、混入した形質が劣性遺伝子に支配されている場合は、圃場内や種子から形態的に見分けることは不可能であるため、抜き取りによって排除するのはきわめて難しい。そのような劣性遺伝子が紛れ込んでいることがわかるのは、遺伝子がホモ（対立遺伝子が同じになる）になる次の世代である。そのときには、農家圃場ですでに劣性遺伝子が広がっている事態も起こり得る。

主要農作物の輸入種子については、元種（もとだね）を輸入して企業などが増殖する場合、現行と同じ圃場審査や生産物審査を行い、その費用は種子販売側が負担することなどを、種苗法の附則などに明記することも提案可能であろう。輸入した種子がそのまま使用される場合は、隔離圃場で数回栽培し、外来病害虫や雑草が発生しないことを確認するまで流通できないような制度・基準を設けるべきである。隔離圃場は東京湾岸の埋立地など農地と隣接しないところに設け、すべての費用は種子販売側が負担する。植物検疫に関する法律などで不十分な部分は、法改正や基準改正を行うなど、さまざまな対応を緊急に整備する必要があると考えられる。

3　種子の公共性、公共種子の私有化の問題

外資参入の懸念

多くの市民運動が懸念している問題に、稲や麦の種子生産への外資参入の可能性がある。国会における答弁では、規制していない現状で外資が入ってきているわけではなく、世界的に見ても稲の種子には大きく参入していない、と説明されている。また、農業競争力強化支援という政府の方針は、外資を参入させるというよりは、国内農業の輸出競争力を強化するという論理である。

しかし、グローバルな世界での種子産業の寡占化は急激に進んでいる。当初は他殖性の作物であるトウモロコシや大豆に進出したアグロケミカル種子産業は、その市場が飽和状態になってきた近年、たとえばモンサント社による小麦種子会社（ウエストブレッド社）買収に見られるように、自殖性作物ではまず小麦に進出し、今後は稲に参入する可能性も否定はできない。さらに、日本政府やビル&メリンダ・ゲイツ財団などは、アフリカの開発途上国を中心に稲の種子市場をフォーマル化して、多国籍企業のシェアを増大させるべく、言わば「アフリカ版緑の革命のための同盟」のような国際機関に種苗法の導入を促している。

日本の稲の種子市場は決して大きくはないが、多国籍企業のグローバル戦略の中に位置付けてしまえば、日本市場への進出に大きなコストはかからないかもしれない。遺伝子組み換え食品に対して、ほとんど意識せずに摂取している国民が大半である日本の状況を考えると、日本への進出はアフリカ市場よりずっと容易かもしれない。

公共財としての種子をどう考えるか

本書ですでに議論してきたが、そもそも、種子を企業が所有することに論理的根拠はあるのかという課題が残る。種子法のもとでは、主要農作物の一般栽培種子に価格はついており、種子生産に必要な経費は農家が負担しているが、品種の所有に関する権利概念は具体的に規定されていない。基本的に、種子を必要とする農家には必要量を供給することが都道府県の義務として課せられていた。したがって、農家の側から見て、主要農作物に関して、種子の供給が途絶えたり、価格高騰によって入手困難になったりすることは想定されなかった。

種子法廃止法案の国会審議における政府側答弁は、「公共財としての位置付けは不動であると承知している」としているが、根拠法としての種子法を廃止して、どこまでそう言えるのかには不安が残る。また、答弁では、「これまでの主要農作物種子法は国によって都道府県に種子事業を強制していた」という表現もあった。しかし、国民の食料安全保障を支える制度面のインフラとして国の責任を明示しているのが種子法の理念であり、強制や押し付けではないことを確認しておきたい（久野秀二氏の論説参照）。

さらに、種子システムの視点からも重大な懸念がある。本書では、企業が主要なアクター（主体）となるフォーマルシステムと、地域の多様なアクターが関与して地域内で循環するローカル（インフォーマル）システムの二つが存在することを説明してきた。すでに述べたように、一般的には、種子を市場に任せるとフォーマルな種子システムが中心となり、その品種育成の素材を提供する地域内のローカルシステムや、多様性に富んだ地域のローカルシステムへの遺伝資源の循環が起こりにくくなる。

これに対して日本では、これまで種子法の存在によって、一般的には切断されている種子のローカルシステムとフォーマルシステムが一定程度連結し、例外的に安定かつ農家にとって豊富な種子選択が許される制度が成立していた（48ページ参照）。農家は、日本中・世界中の育種素材を使って、地域に適応するように育種された品種の優良な種子に複数アクセスできることが、法律によって保障かつ保証されてきたわけである。ところが、種子法が廃止になり、都道府県がフォーマルな制度を使って育成した品種の種子供給への責任を持たなくなれば、あるいは責任を持つ能力を剥奪されれば、二つのシステムの連結が切れてしまうであろう。

そうすると、世界中で起こってきた遺伝資源の一部企業による収奪が日本でも生じる。その結果、遺伝資源としての種子は一方的に流れるだけとなり、多様な品種を栽培してきた地方が遺伝資源的にどんどん貧しくなっていくという事態が起こり得る。小規模な兼業農家が中心で

図10−1　フォーマルな種子システムの中で地域における資源利用を促していた種子法

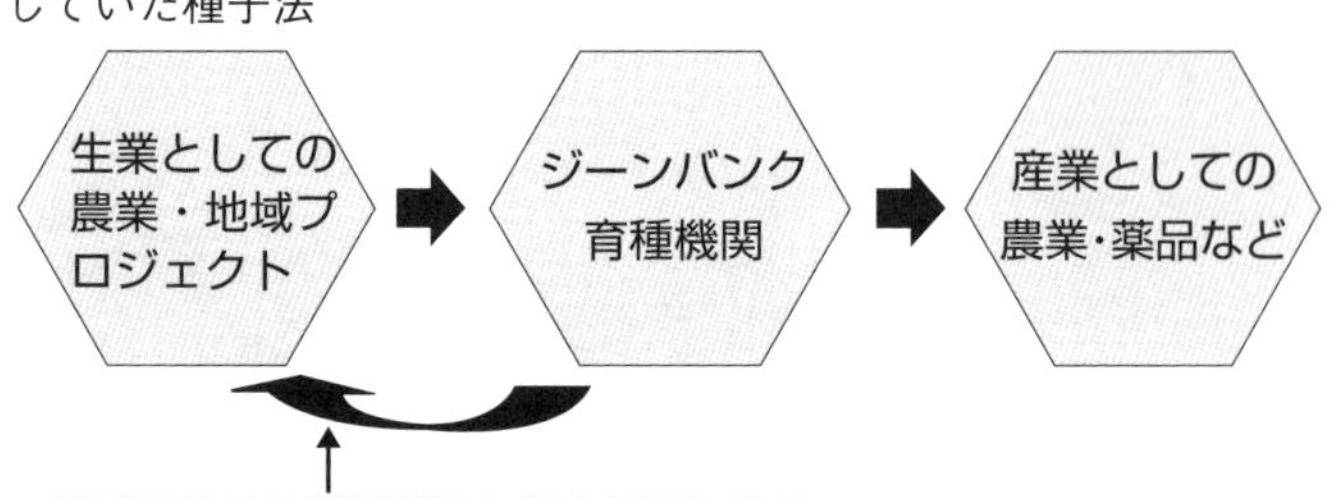

ある日本中の農村の大部分が貧しくなり、ごく一部の生産性の非常に高い地域だけが潤う事態が想定される。これは、先に紹介した二重の収奪（久野秀二氏）が、種子システムという側面からも説明されることを意味している。

日本で、少なくとも米においてこのフォーマルシステムからローカルシステムへの循環システムが働いていたのは、多様な関係者、すなわち、農家、自治体、農協などが国のシステムに参加できる制度を、種子法が60年以上にわたって支えてきたからである。種子法の廃止によって、世界的にも優れた、地域における種子・遺伝資源の循環が消えてしまう懸念がある。

図10−1で示すように、種子法が支えてきた種子供給の制度は、一方的に産業的な農業に遺伝資源を供給することが多いフォーマルな種子システムでありながら、地域の農家が多様な遺伝資源を利用でき

る可能性を担保していた。今後、企業を主たる参加者とした産業的農業への遺伝資源供給システムだけが残ってしまうような懸念を払拭できない危機の中に私たちは置かれている。

4 持続可能な開発目標に果たす種子の役割

ここで、現代の国際社会の動向から、種子法の意味を考えてみたい。２０１５年秋の国連総会で「持続可能な開発目標」が合意された（図10―2）。国連加盟各国はこの目標に向かって進むことが促されており、具体的な戦略をつくり出していかなければならない。

その1番目の目標は「貧困をなくそう」、２番目の目標は「飢餓をゼロに」である。日本には飢餓がないという人もいるだろう。だが、最近は格差が拡大している。また、中国が大豆の輸出国から輸入国に転換したことなどを受けて、南米や旧ソ連諸国などから日本が希望量の大豆を入手できない事態も発生しており、飢餓が起こらない保証はどこにもない。私たちは食料を自給できる持続可能な社会をつくっていかなければならない。

日本政府は国際約束に従って、持続可能な開発目標推進本部会議を開催している。ところが、２０１６年12月に発表された同会議の資料から農業関係の項目を拾い上げてみると、非常に情けない内容であり、危惧せざるを得ない。

たとえば、その第一は「希望を生み出す強い経済」として「農林水産業における生産性の徹

図10−2　最新の国際社会のガバナンスの枠組み（SDGs）

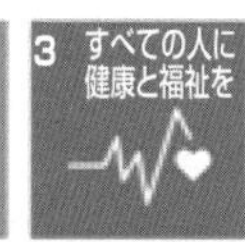

底した向上と輸出力の強化を実現」であり、輸出が強調されている。第二は「農林水産業の成長産業化」。スマート農業（ロボット技術やＩＣＴを活用して超省力・高品質生産を実現する農業）の推進などによる農業生産現場の強化、六次産業化の推進によるバリューチェーンの連結などによる需要の開拓である。そして第三の「農山漁村の振興」で述べられているのは、外国人旅行者の受け入れ体制整備などだ。

筆者は２０１６年に熊本地震からの復興の関係で大分県の市町村をいくつか訪れた。そこで耳にしたのは、仮に外国人観光客が農村地帯に来たとして、それが地域にどのような意味を持つのかという議論がまったくないなかで、外国人旅行者の受け入れだけが上から降ってくるという声である。政府の会議では、現場とまったくかけ離れた議論がされている。

こうした戦略の最大の問題は、農業の本質についての議論が十分されていない点だ。
第一に、耕種農業でもっとも重視しなければいけないのは、生命体、生きているものを扱っているという視点である。コンピュータや車のようなモノを扱っているのではない。生きている植物が太陽光を利用して有機物を生産する。太陽のエネルギーを利用して、炭水化物を生産し、人間を含む動物が利用できるエネルギーに変えている。そういう営みの全体像を見ずに、財として付加価値がつく部分だけ、あるいは投資関連部分だけ見るような農業振興計画には、非常に大きな問題がある。

第二に、農業は土地を使って作物を栽培するのだから、土地から切り離すことが難しい。植物工場のように室内で人工の光を用いる工業的農業も部分的には可能だが、主要農作物については難しい。大切なのは、食べるものが作られる地域の持続に、作る人と食べる人の双方がどのように参画していくかを考えることであり、種子はそのプロセスに対する重要な投入財である。

一般に、環境保全と開発はトレードオフ関係にあると認識されている。しかし、世界経済の40%が生物由来や生態系プロセスの生産物であり、生物多様性の減少は直接的に世界経済に影響し、貧困を増大させる可能性がある。また、わずか30種程度の作物種が世界の食料生産を支えており、動物性食品の90%はわずか14種の哺乳類・鳥類に依存している。
こうした種の遺伝的多様性の減少は、食料安全保障や所得確保手段を脅かす。それは、開発途上国だけの問題ではない。生業としての農的営みが続けられている日本の中山間地域にも当てはまる。自給的色彩の強い農業を営む人たちは、多様な遺伝資源(作物の品種)を同時に育てて利用しているからである。農業は食料生産にとどまらず、洪水防止、環境保全、伝統、文化など多面的な価値の生産をもともなう。それらは市場で取り引きされないが、ＥＵの政策ではそれらを市場に内部化しようとする多くの先進事例が見られる。競争力だけで農業を議論する必要はない。

5 食料主権・国民主権が脅かされている

この章の最後に、少し俯瞰的な、農村開発のガバナンスの視点から見た日本の現状に関する懸念を述べたい。

今回の種子法廃止法案は、単体で国会に提出されたわけではない。規制改革推進会議農業ワーキンググループの主導で策定された、農業競争力強化という政策に基づく8本の関連法案のひとつとして提出されている。他の7つは、農業競争力強化支援法案、農業機械化促進法を廃止する等の法律案、土地改良法等の一部を改正する法律案、農村地域工業等導入促進法の一部を改正する法律案、農林物資の規格化等に関する法律及び独立行政法人農林水産消費安全技術センター法の一部を改正する法律案、畜産経営の安定に関する法律及び独立行政法人農畜産業振興機構法の一部を改正する法律案、農業災害補償法の一部を改正する法律案だ。これらに関して、食料・農業・農村に対する責任を持つ農林水産省が、自らも含めて関係する組織や人の参画にどこまで努力したかが問われる。

やや長くなるが、議論を具体的にするために、今国会と並行して作成されていた「平成28年度食料・農業・農村白書案に関する食料・農業・農村政策審議会企画部会」の議論の一部を紹介したい。平成28年度の白書は、食料・農業・農村基本計画（平成27年3月31日閣議決定）の推進状況、攻めの農林水産業への転換に向けた各主体（農業者、事業者、消費者、行政、農業関係機関など）の取組状況、課題などについて、体系的に分析を行い、明らかにする「動向編」と、食料・農業・農村基本法の項目に沿った構成を基本とし、食料・農業・農村基本計画などをもとに施策を整理する「施策編」から構成される。

これらに加えて、今回は巻頭に特集として、「生産資材価格の引下げと生産者に有利な流通・加工構造の確立に向けて〜農業競争力強化プログラムから〜」の記述を行うことが、２０１７年1月13日に開催された第58回食料・農業・農村政策審議会企画部会で農林水産省の事務方から説明がなされた。そこでは、生産資材価格の引き下げや生産者に有利な流通・加工構造の一環として、農業競争力強化プログラムの中で、種子法廃止についての言及も予定されていた。

しかし、この特集の標題は、3月6日に開催された第59回企画部会で「日本の農業をもっと強く~農業競争力強化プログラム~」と修正される。その理由は、「読者にわかりやすく」と説明された。さらに、国会審議中であった種子法廃止法案を含む8本の法案が詳しく説明されており、これに対して複数の委員から以下のような懸念(筆者の責任で発言の一部を抜粋)が表明された。

＊＊＊

「全体を通じた印象なのですけれども、これは特集1の農業競争力強化プログラムの部分と、ある程度重なるところがあってということもあるのですけれども、(略)準備中、予定、あるいは検討中ということがあって、これも動向の一部といえば、動向の一部ですので、もちろんこれは排除する必要はないかと思いますけれども、この項目だけを見ると、その部分のほうのウエートが高いような印象はあります」(生源寺眞一委員)

「特に特集の1、農業競争力強化プログラム、あるいは農村振興のトピックスの中山間地農業ルネッサンス事業、そして文中にもあります国会の法案を提出したという、このいわば未来形の政策について、ここまで書く必要があるのか。もっと言えば、政策の宣伝を果たしてする必要があるのかということを、白書のあり方として、基本的に疑問に思います。

私ごとですが、私は、大学4年生のゼミのときから、白書を恐らく35本熟読していると思いますが、時を経れば経るほど、いわば政策色が強まってくるといいましょうか。分析というよりも政策紹介になりつつあって、今回のものが、かなり決定的な変化を伴っているではないかというふうに思います。

恐らく白書のあり方、いろいろな考え方、あると思いますが、基本法の14条を素直に読めば、講じた施策、あるいは講じる施策というのが別途書いてある。したがって動向というのは、私は分析を指しているのだろうと思います。

その意味で毎年の基礎的数値の係数整理とその評価、これが一点と、もう一つは分析することによって明らかになる基調と新しい変化、多分この二点が白書の中心的な記述内容になるのではないかというふうに思います。

その意味で、もちろん政策、新しい政策を書くなということではないのですが、少なくともこういうふうな法案を出すとか、あるいは新しいプログラムの説明に膨大なページ数を割くというのは当たっていないのではないかというふうに思います。（略）

私は、白書は、少なくとも動向は、ある種の中立的なものであるということを考えると、例えば政権与党からのいろいろな注文、報道によると、いろいろな注文があるというふうに聞いておりますが、それに対するファイアウォール（筆者注：防火壁）のつくり方も重要ではないかというふうに思います」（小田切徳美委員）（明治大学教授）

「小田切さんが極めて大事なことを申されましたので、それ以上、私のほうから追い打ちをかけるというような発言はやめておきたいと思います。ただ、まさしくファイアウォールをつくっておかなければならないなという思いはしています」（奥野長衛委員（全国農業協同組合中央

会会長）)

＊　＊　＊

これらの発言の共通項は何か。農林水産省は、白書を作成するにあたって、まず客観的な資料を整理・分析し、その内容を国民や関係機関（もちろん政治家や政党を含む）に提示することが先決であって、まだ国会で審議が終わっていない、法律もできていない内容を、すでに実施されている政策であるかのように大々的に取り上げるのは、政権与党の意向を踏まえすぎているのではないかという懸念である。

種子法廃止が単なる一本の法律廃止にとどまるのではなく、国家と国民の食料主権にかかわり、公共の財産である種子の位置付けに関する政府の見解の変化をもたらすものであることを繰り返し述べてきた。廃止決定プロセスを丁寧に見ると、食料主権だけでなく、国民主権そのものが崩壊する一つのステップとなっていると考えるのは、憂慮のしすぎであろうか。

複数の委員の発言を受けて、国会に提出された白書最終案からは8法案に関する詳細な説明は削除された。しかし、２０１６年に政府決定された農業競争力強化プログラムの説明は詳細に記述され、８法案の国会提出についても明記されて発行された。

（注）本章において参照した久野秀二氏の論考は、「主要農作物種子法廃止の経緯と問題点――公的種子事業の役割を改めて考える」（京都大学大学院経済学研究科ディスカッションペーパーシリーズ No.J-17-001、２０１７年）を参照されたい。http://www.econ.kyoto-u.ac.jp/dp/papers/j-17-001.pdf

終章　持続可能な世界のための多様な種子システム

1　災い転じて福となる可能性

種子は（家畜の餌も含めて）食べ物の源であり、私たちが生きていくうえで必要不可欠であり、狭い意味での経済で捉えられる単なる資源ではない。耕種農業を行う販売農家にとっては、良質の種子を多くの資本投入なしに安定的に調達できることが重要である。自給的な家庭菜園や趣味の園芸を楽しむ者にとっても、自分が必要とする種子を必要なときに手に入れられることは基本的な条件である。

ともすれば、種子システムの議論では、経済的効率性を重視した改良品種の認証種子の供給が重視され、農民や自給を目指してタネを播く人たちの思いや多様な工夫は付随的・補完的に論じられてきた。世界中の農家の多くがその置かれている不安定な社会自然条件の中で、経済性に加えてリスク分散や文化的視点なども含めて多様な種子調達を行っていることも、必ずしも十分には分析されてこなかった。

その理由として、収量の増加という量的側面を強調した政策と、それを支える科学技術志向が挙げられる。そのもとで、近代育種が品種―栽培技術―食物という連鎖からなる生活文化の関係を絶ち切り、種子が単なる農業の投入財と位置付けられてしまったのだ。

種子法の廃止という「事件」を受けて、これまで「法律や政治と自分たちの日々の活動とは関係ない」と言ってきた自家採種を行う自然農を営む人びとから、良食味米を大規模・商業的に栽培し、海外市場も見通しながら競争力のある農業を目指す農家までが、種子の供給に国や都道府県が深く関与し、責任を持ってきたことに気づかされた。そして、そのシステムが農家や国民の食料生産と消費の営みを支えてきたことを評価するようになった。そこには、災い転じて福となる可能性が秘められている。

終章では、これまで論じてきた内容を踏まえて、多様な種子供給・調達の方法が併存できる種子システムの可能性について論じたい。具体的には、①そもそも種子を使うないし種子を愛でる人たちの自由・自律の確保について、②私たちはどのような農業を目指すのかについて、③最後に人権としての食料主権を再確認する私たちと種子との関係性について議論して、本書のまとめとしたい。

2　種子需給システムのあり方を誰が決めるのか

種子法においては、国が責任を持って稲・麦・大豆の奨励品種の種子供給を行ってきた。その結果、稲に関してはほぼ100%の種子が国内で生産され、各地域に適した品種の種子が安定的かつ比較的安価に農家に供給されてきた。麦や大豆においても、不十分ながら、地域に適した品種の開発が行われ、地域おこしの貴重な資源となっている例も多い。

しかしながら、種子法が存在しても、第7章で指摘したように稲の品種は集中し、大豆や小麦の自給率は必ずしも上がらず、品種育成の予算も自動的に確保されてきたわけではない。また、種子法があるがゆえに、第6章で指摘したように、農家が自分たちで品種を選ぶ力を奪ってきた事実も見逃してはならない。

近代農業における農民の品種育成や種子生産の意義は、短期的な経済効率重視の農業生産や、国家や企業による品種育成・種子生産との相互補完として議論されることが多い。この思考の枠組みの問題性を正面から認識し、農の営みの基本として人間と自然の相互関係に根差した地域農民の組織・制度・知識の再評価を行わなければ、持続可能な種子供給・調達のシステムの議論は不十分である。

ところが多くの場合、農民による品種育成・種子生産が権利の問題であり、多国籍企業によるその侵害を食い止めようという議論自体が、畑や田んぼから遠く離れた国際会議場で研究者や外交官によって行われている。農民はそのような議論が始まるはるか昔から、農を継続する当たり前の営みとして、品種育成と種子生産を行ってきた。会議場で権利問題を議論している関係者が、農民の意思に耳を傾ける態度をどのように身につけるかが問われている。

遺伝子組み換え反対の議論も、政治経済学の枠組み、とくに経済的効率、食料増産や技術的安全性の枠組みで議論するかぎり、農民による品種育成・種子生産を支える理論的枠組みにつながらない。農家・農民が、作物と作物を育てる農家との関係性を中心とした自らの評価基準に根差して継続的に自分たちに必要な品種・種子を利用し、財やサービスを取り出していく多様かつ多層性を持つシステムの議論が、持続可能な種子システム構築に必要な前提であろう。

作物品種の多様性は、将来の育種素材としての選択価値だけでなく、いまそこで生きている人びとに育まれて利用される、利用価値を持つ資源である。地域の環境とそれを利用・管理する人間との関係の回復が、人間と作物の多様性の双方にとって重要であることが理解されれば、地域関係者による遺伝資源の管理が何にもまして優先事項とされる。

ただし、筆者が出会ってきた、作物の多様性を大切にして、自分の圃場に合った種子を自家採種で採り続ける人びとや、在来品種の野菜を食べる人びとは、「農民の権利」「農民の特権」などを明示的に主張しようとしない。自分たちがいまその場所で利用し続けることと、食べてほしい人に食べてもらう作物を作ることを自己決定できる自由のみを大切にしている。それは

図終－1　種子の安定的供給を考える多様なアプローチ

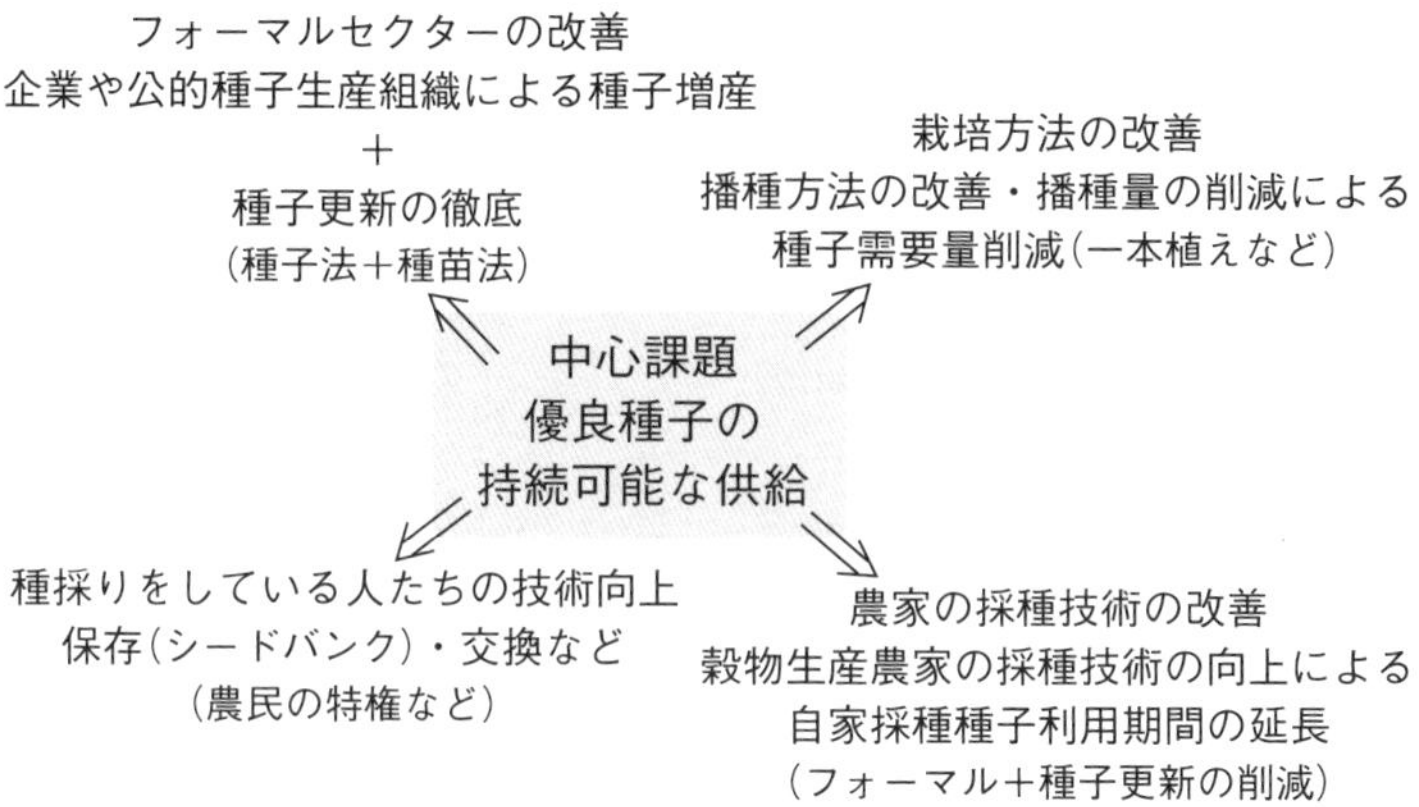

中心課題
優良種子の
持続可能な供給

フォーマルセクターの改善
企業や公的種子生産組織による種子増産
＋
種子更新の徹底
（種子法＋種苗法）

栽培方法の改善
播種方法の改善・播種量の削減による
種子需要量削減（一本植えなど）

種採りをしている人たちの技術向上
保存（シードバンク）・交換など
（農民の特権など）

農家の採種技術の改善
穀物生産農家の採種技術の向上による
自家採種種子利用期間の延長
（フォーマル＋種子更新の削減）

日本においてとりわけ顕著である。

図終－1に示したが、良質の種子を安定的に供給するためには、種子法が描くような公的品種の開発と公的機関による種子生産だけが唯一の方法ではない。種子法が定める奨励品種制度が農民の力を奪ってきた側面を認識して、多様な出所からの品種を自家採種する農家もあっていい。稲の一本植えのように、播種量を少なくする農法の活用も選択肢である。また、農協の指導する種子更新を断り、自分の目を信じて自家採種した種子や農家同士で交換した種子を利用するような、農民の特権と呼ばれる権利の行使も選択肢としてあるのではないだろうか。

さらに、フォーマルシステムからの種子供給を前提としながらも、一定期間は自家採種を行い、毎年の種子更新を行わない農法も、安定的種子供給を実現する方法として選択できる（岡山県が大豆種子で推奨している事例を第7章で紹介した）。ここで最大の問題は、一般的には、１００％更新された種子による生産物しか農産物検査法に基づく品位等検査（品質による等級）の証明を受けられず、その証明が表示されていない米は一般流通で受け入れられないことではないだろうか。

農家と消費者の間に信頼関係が築かれている提携運動のような場合、こうした証明は必ずしも必要ではない。したがって、多様な供給源・方法で調達された種子によって生産された農作物を消費者がどのように評価し、購入するかが問われている。

3 産業的な農業を支える多様な農業・農の営み

農を営む者の主体的な種子利用というと、自家採種や種苗交換の取り組みが中心に捉えられがちである。もちろん、そうした日々の営みの中の生活と密着した取り組みが出発点であり、かつ終着点でもある。だが、同時に、種子法のように農家と国民の食料の確保が目的である法律を理解し、自分たちの育てたい品種の種子購入・交換を含むより広い側面から考えることが肝要であろう。

北米大陸の農業は、ヨーロッパへの食料輸出を目的として発展した植民地型農業であったため、フォーマルな種子システムの発展に適応していた。一方、日本の農業のように、地域で長年にわたって営まれてきた「生業としての農業」「生活としての農業」では、自家採種を中心

図終－2　多様な農業・産業的農業の種子システム

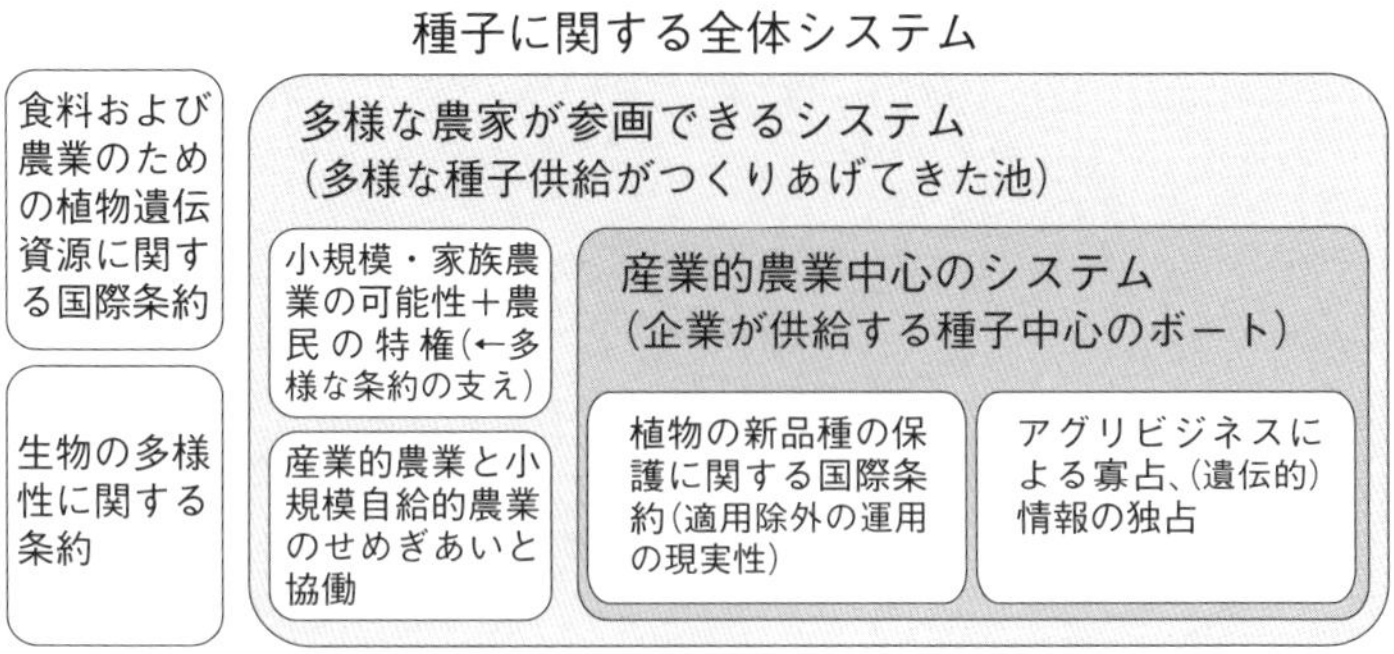

種子に関する全体システム

食料および農業のための植物遺伝資源に関する国際条約

生物の多様性に関する条約

多様な農家が参画できるシステム
（多様な種子供給がつくりあげてきた池）

小規模・家族農業の可能性＋農民の特権（←多様な条約の支え）

産業的農業と小規模自給的農業のせめぎあいと協働

産業的農業中心のシステム
（企業が供給する種子中心のボート）

植物の新品種の保護に関する国際条約（適用除外の運用の現実性）

アグリビジネスによる寡占、（遺伝的）情報の独占

として比較的小さな地域内で遺伝資源が循環してきた。

同じ村内でも、さらには同じ圃場内でも、どこで誰が種子を採るかによって違ったジーンプール（遺伝子の多様性の集まり）が選抜される。第8章の広島県や第9章のエチオピアの事例で紹介したように、そうした地域で循環している遺伝資源の利用に、ジーンバンクのような地域外の研究機関が関わり、お互いの遺伝的多様性を育んでいければ、一般的なジーンバンクが担うグローバルな遺伝資源の利用システムとは異なる、地域循環的な遺伝資源利用を促すことができる。

福岡県で農業改良普及員を長く務めた宇根豊氏は、文部科学省の「大学学部教育における「環境教育」共通カリキュラム開発のための戦略的大学連携事業」の報告書『農という生き方、それに支えられている自然』で、次のように述べている。

「「農業」と呼ばれる産業的な農業システムは生業としての「農の営み」全体の中の池に浮かんでいるボートのようなものだ」

「産業的競争力のある農業だけを残して、その他の農業はいらないというようなことは、干上がった池の中にボートを浮かべようとするようなことになる」

多様な種子の供給を支えるシステムは、多様な農業、農業の根幹を支える全体のシステムとして存在している。そのシステムの構築に多様な農家が参画するという意味で、小規模な家族農業と産業的な農業があっていい（図終－2）。

いろいろな形の種子の供給や調達の方法を支える条件を整えていた重要な法律の一つである種子法をなくすことによって、種子システムの多様性が失われる。主要農作物の種子システムの弱体化は、全国の小規模農家や条件不利地の農業・農村を衰退させるだけではない。地域の農業生態系という、農の営みがつくりあげてきた環境が破壊されてしまえば、結果的には産業的な農業システムの弱体化につながる。小規模農家や農村コミュニティを大切にする方向と、産業的な国際競争力を第一とした農業を目指す方向のどちらを向いても、この法律の廃止がマイナスの要因になると懸念される。

4 アグロエコロジーという考え方と家族農業の再評価

そこで、日本でどのような農業を目指すべきかを考えるときに、アグロエコロジーという考え方と、家族農業の再評価という、最近の国際的動きに注目したい。

中南米の小農の運動から始まったとされるアグロエコロジー運動は、生産性が高く、かつ資源保全可能な農業システムを研究設計・管理評価するために、生態学の理論を用いる。その主目標は、世界各地の小規模農家を再生させ、気候変動を含む自然・社会環境の変化に適応するレジリエンス（回復力）、持続可能性、食料主権（food sovereignty）を達成することである。その提唱者ミゲル・アルティエリ氏は「アグロエコロジーとは、エコロジーの原則を農業に適用するものである」と１９８３年に定義した。

アグロエコロジーは科学的な原則であると同時に、自分たちがどんな農業をしたいのかを論じる運動でもある。言い換えると、科学であると同時に、農業実践であり、政治的・社会的運動であるという三つの次元を含み込む概念に発展している。

このように政治運動から農業のあり方を論じるやり方は、日本の社会には適さないという考えも根強い。だが、日本でも生命系の経済学のように、生命を尊重した代替的な経済のあり方を探る研究や運動が１９７０年代後半から行われてきた。種子の問題も、その枠組みに位置付けていくことが可能である。

加えて、近年国際社会で注目されている小農・家族農業の再評価も視野に入れる必要がある。２０１４年は国連が決めた国際家族農業年であった。家族農業では三つの視点が強調されている。

①世界の食料安全保障に結びつく。

②環境や生物多様性の保護に寄与する。
③地域にさまざまな雇用を創出する。

この考えの背景には、植民地型農業の持つ問題点があった。すなわち、多くの開発途上国において、輸出されている食料は、足りているから国外に売っているのではない。国内需要が満たされていないにもかかわらず、大規模農業・企業型農業が輸出している。この構造は、先進国の農民を商工業に向かわせ、農業を衰退させる。

家族農業の特徴は、伝統的な農法を大切にしながら、比較的小さな土地を多くの労働力を投下して利用する。地域で食料が安定的に生産・共有されると、地域が安定し、紛争の芽を摘む。こうしたことを念頭に、ＦＡＯは国際家族農業年（２０１４年）を推進する呼びかけ（FAO, 2014FAO：IYFF：www.fao.org/family-farming-2014 Family Farming Campaign：www.familyfarmingcampaign.net/en/home）で、各国が家族型農業指針の政策を採るように促している。

このような世界の潮流の中で、日本の農業政策は「競争力強化」の名のもとで、大規模化だけを目指している。日本の農政は世界とまったく逆方向へ舵を切っていると言える。地域で生活が営まれるのに欠かせない食料を生産するという役割を過少評価し、目先の儲けに翻弄された政策である。以下の指摘に耳を傾けたい。

「大切なことは、日本の経験が小規模家族農業の可能性を事実をもって示していることである。その意味では、日本農業は人類史的な大実験をしてきたのだといってよい。その大事な実験を中途で断ち切り、企業農業に切り替えようとする愚行を、世界はいま糾弾しているのである」(大田原高昭『農協の大義』農山漁村文化協会、2014年)。

日本の農業が強いのは、大量生産による不特定多数の消費者を対象とした無差別市場ではなく、特定の限定された消費者と結びついた相対的に小さな差別市場である。いま、国際的にも小規模農業や家族農業が見直され、農業の市場競争力以外の役割が重視され、地産地消が北米でさえ注目されている。問われているのは、私たちが本当に強い持続可能な農業をどのようなものと考えるかである。

5　食料主権の考え方を明確にする

「食料安全保障」という言葉は日本政府もよく使う。国家レベルの農業・食料需給など量的視点が中心であり、科学技術導入による生産の増大、世界市場への統合、「農業近代化」を志向する言葉である。一方「食料主権」は、国家、国民や農民が自主的に食料に関する意志決定を行う権利であり、「食料への権利」と同様に基本的人権だ。自分たちが食べたいものを自分たちが決めるという単純なことだが、国家の主権と国民の主権の双方に関わる重要な概念である。小農の政治的運動を主導しているヴィア・カンペシーナ(78ページ参照)は、この食料主権について、概ねこう述べている。

香港のWTO会議（2005年）で食料主権を主張してデモを行う日本の生産者
（写真提供：Kenton Lobe）

「域内（国全体だけでなく、たとえば愛知県とか名古屋市というような一定の地域内も含む）の農業生産と貿易（交易）を住民たちがもっともよいと考える状態にすること、どの程度の自律を保つかを決定すること、販売を中心とした農業だけでなく自給的色彩の強い農の営みも推進することなどを含んだ、基本的に自分たちの身のまわりのことを決める権利」

日本でも、21世紀に入るころから一部の研究者や運動家の間で使われるようになった。たとえば、元・農林水産省農業工学研究所長の岸本良次郎氏は、自国の食料自給率や輸入量を自国が決めるという当たり前のことを議論しなければいけないような国際・国内情勢こそ問題であると指摘している。

食料主権の考え方は、種子法の廃止を主張する側にはまったく認識されていない。食料自給率も大切だが、食料主権の確立が前提であろう。私たちはいま、作物の多様性を守り、自家採種や種子の交換を続ける農家や農に関わる市民だけでなく、多様な食べ物の選択を享受しようとする人びととともに食料主権を意識し、食料・農業植物遺伝資源の持続的利用に参画していけるシステムの構築について真剣に考えなければならない。

食のシステムについて発信し続けている英国のジェフ・タンジー氏（ブラッドフォード大学名誉研究員）は、そのエッセイ「誰の力がタネのシステムをコントロールするのか？」で、知的財産権を重視する法的枠組みは民間企業の産業的農業への参入の動機付けとなり、短期的には経済発展が可能であるが、種子のシステムのような本来公的なものの私有化は生態的に持続不可能な社会を生みだすと警告している。国民の食生活の存続に直結する重要な作物の保全・利用が、国の責任において行われてきた意味は大きい。

民間企業や自家採種農家を含めた多様な関係者が、公的機関に保全されている種子に関わり、食料主権について考え、行動できる社会の存続が期待される。家庭菜園やベランダ農園でのタネ播きや、自然栽培農業者が自分たちの育てる作物の種子を採り続けて命をつないでいく活動は、その試みの一歩である。

ＴＰＰを推進してきたカナダやアメリカのカリフォルニア州などでも、主要穀物の品種開発は企業だけに委ねず、公立大学を含む地域の公的機関が関わっている。ニュージーランドやマレーシアなどは、知的財産権を強める植物新品種保護条約の１９９１年版を、国民の反対によって批准していない。国民のために国際条約を締結し、国内での法整備を行うのであれば、これらの国々の取り組みは当然の判断に基づいていると言える。

食の産業化・工業化に警鐘を鳴らす映画『フードインク』において、世界最大規模の小売店であるウォルマートの社員が「私たちは消費者の望むものはなんでも届ける。約束できる」と発言していることからもわかるように、消費者が変わればシステムは変えられる。この言葉は、種子法廃止後の私たちがどのような行動ができるかについて、大きなヒントを与えてくれる。『フードインク』では、タバコ産業と政府が密接な関係を築いていた数十年前に、現在のような禁煙が当たり前の世界がくることを誰が予想しただろうかとも述べられている。私たちが毎日三回、食料について選択するのだから、システムに影響を与えられないはずはない。

農民作家の山下惣一氏は雑誌『家の光』２０１７年1月号で、日本の小農を代表する声として述べている。

「私たちはふるさとの風土で日本人のための農業を営み、その食生活を支え、日本人によって食い支えられる。そんな農業と地域社会を目指したい」

繰り返しになるが、種子法の廃止は、種子を大切に考える人たちにとって、あるいはチャンスかもしれない。種子の利用の主体は農家・農民である。そして、趣味の園芸家やシードセーバーが自家採種を行い、消費者がその生産物を食べて支えるとき、一部企業と国家や国際機関だけが主たるプレーヤーとなる種子システムから、すべての人が関わる開かれた種子システムへの転換が起こる。

種子は、複雑な相互依存関係（人間と作物、作物の遺伝資源同士、作物を作り続けて種子を継いできた人間同士）のうえに、人類の共通財産として存在し続けてきた。農家も消費者も一人ひとりの人間として主体的に関わり、次の世代へつなげていく種子システムを創る当たり前の営みに、筆者自身も参画し続けたい。

あとがき

京都大学栽培植物起源学講座の初代教授・田中正武先生の講義を筆者が初めて聞いたのは、1980年の春だった。作物は人間にその生存を委ねている。作物の遺伝資源に関しては世界中の人びとが相互依存関係にある。種子は旅をする。この三つのメッセージが鮮烈に記憶に残っている。

後に同講座の教授になられる大西近江先生にソバの系統進化研究の初歩の手ほどきをしていただき、アメリカ農務省におけるジャガイモ遺伝資源導入インターン、ジーンバンクに保存されていた遺伝資源から増殖された種子をルワンダの帰還難民へ返還するボランティアなどの経験をして、この知識は実感となっていった。種子は誰のものでもないし、種子がなければ、私たちもない。人間は、あくまでも、その相互依存の中で作物と関わっている。

今回の執筆期間中には、種子を大切にする多くの方たちと出会うことができた。作物の種子の持つ限りない可能性を信じ、それらを育んできた方たちである。秀明自然農法ネットワークの皆様には、種子法廃止に先立って、人間が農の営みの基本として行ってきたことを、現代社会の中で実践する大切さを教えていただいた。種子法と直接関係する各県の農業試験場や普及関係者ともたくさん出会うことができた。農家の方たちにとって必要とされる品種開発と種子供給に、情熱をもって取り組んでこられた方たちである。

本書を執筆したのは、種子法の廃止をきっかけとして、種子と人間との関係に興味を持つ方が増え、日々の生活の中で少しでも種子と関わる人が増えることを期待したからである。執筆にあたっては、多くの方に助けていただいた。

とくに、吉野稔氏（元福岡県職員、現JICAウガンダコメ振興プロジェクトチーフアドバイザー）と甲斐良治氏（農山漁村文化協会）には、関係する団体や個人、制度の情報などについて紹介と助言をいただいた。また、JA全農ふくれんの濱地勇次氏は、種子法が規定している制度についてわかりやすく説明した、氏自身が作成された研修用資料の本書への転載を快く了承してくださった。主要農作物の種子事業に直接関わっていない者にはわかりにくい複雑な内容が、この二つの図によって格段にわかりやすくなっている。

本書の内容は、筆者が代表で実施してきた科研費研究№24658194・26304033・17H04627の研究成果の一部でもある。研究仲間にも感謝したい。私事で恐縮だが、種子をめぐる人の営みを求めて世界中を巡っている私をいつも支えてくれる妻・小百合の忍耐なしには、この本は存在しなかった。最後になるが、前作『生物多様性を育む食と農』に続いて、編集・出版を引き受けてくださったコモンズの大江正章氏に感謝したい。

種子法は、主要農作物の種子を国の責任において農家に供給する世界的にも優れた法律だった。反面、奨励品種制度が農家の品種を選ぶ権利と能力を奪ってきた側面もある。自由に世界を旅してきた種子から見ると、日本の種子が海外で利用されることに反対するような考え方は、多国籍企業の遺伝資源囲い込みの戦略と基本的には変わらない。廃止は非常に残念な出来事であるが、むしろこれをチャンスと捉え、多くの人びとが種子の価値とその人間との関係を見直し、日本だけでなく世界中の人びとが食料主権・農民の権利を実現できる法律・しくみを創り出す方向に社会が進むことを、心から願っている。

＊本書の内容の一部(とくに第7章と第10章の論考)は、本書執筆期間中に発刊された雑誌に発表済みである。『ニューカントリー』２０１７年６月号(「多様な関係者が種子に関わり食料主権を実現するシステムを」)、『月刊自治研』２０１７年７月号(「主要農作物種子法の廃止を考える――食料主権軽視と農業競争力強化志向の問題」)、『現代農業』２０１７年９月号(「世界に誇れる種子法を失う意味」)の各誌に掲載されているので、詳細は参照されたい。

２０１７年８月

西川 芳昭

【著者紹介】

西川芳昭（にしかわ・よしあき）

1960年、奈良県のたね屋に生まれる。

京都大学農学部農林生物学科卒業、英国バーミンガム大学大学院生物学研究科および公共政策研究科修了。博士(農学)。専門は、農村開発・農業生物多様性管理。国内外のフィールドで、農家の種子調達や品種管理の調査研究を手掛ける。

主著に『地域文化開発論』(九州大学出版会、2002年)、『作物遺伝資源の農民参加型管理――経済開発から人間開発へ』(農山漁村文化協会、2005年)、『生物多様性を育む食と農――住民主体の種子管理を支える知恵と仕組み』(編著、コモンズ、2012年)など。

種子が消えれば　あなたも消える

二〇一七年九月二五日　初版発行
二〇一九年一月二五日　3刷発行

著　者　西川芳昭

発行者　大江正章
発行所　コモンズ
東京都新宿区西早稲田二―一六―一五―五〇三
TEL〇三（六二六五）九六一七
FAX〇三（六二六五）九六一八
振替　〇〇一一〇―五―四〇〇一二〇
info@commonsonline.co.jp
http://www.commonsonline.co.jp/

印刷・東京創文社／製本・東京美術紙工
乱丁・落丁はお取り替えいたします。
ISBN 978-4-86187-144-3 C 0061

＊好評の既刊書